官方指定用书

# 虚拟仿真与游戏开发
## 实用教程

主 编 Unity Technologies

编 委 袁 蔚 胡兴中 朱培君 沈 军 康中华

上海交通大學出版社
SHANGHAI JIAO TONG UNIVERSITY PRESS

**内容提要**

　　作为植入院校课程的 Unity 引擎的学习材料,本书为大学院校各个专业精心打造,既适合艺术设计类专业的学生又适合计算机技术类专业及综合应用类专业学生学习,通过各个章节的理论结合实例工程的结构,在每个实例中都重点切入一个或几个 Unity 引擎的核心功能点,引导学生一边阅读、一边动手,通过实际操作来掌握学习内容,使学生快速掌握 Unity 引擎的使用方法,通过 14 个章节的学习,能够最终掌握虚拟现实交互应用及游戏应用的开发。同时,本书还配套附带了光盘,包含对应的授课案例,为各大院校的老师授课提供了权威的授课资料。

**图书在版编目(CIP)数据**

虚拟仿真与游戏开发实用教程／优美缔软件(上海)
有限公司主编. —上海:上海交通大学出版社,2015
ISBN 978 - 7 - 313 - 12813 - 3

Ⅰ.①虚…　Ⅱ.①优…　Ⅲ.①游戏程序-程序设计—
教材　Ⅳ.①TP311.5

中国版本图书馆 CIP 数据核字(2015)第 058632 号

**虚拟仿真与游戏开发实用教程**

| | | | | |
|---|---|---|---|---|
| 主　　编:优美缔软件(上海)有限公司 | | | | |
| 出版发行:上海交通大学出版社 | | 地　　址:上海市番禺路 951 号 | | |
| 邮政编码:200030 | | 电　　话:021 - 64071208 | | |
| 出 版 人:韩建民 | | | | |
| 印　　制:常熟市文化印刷有限公司 | | 经　　销:全国新华书店 | | |
| 开　　本:889 mm×1194 mm　1/16 | | 印　　张:17 | | |
| 字　　数:503 千字 | | | | |
| 版　　次:2015 年 4 月第 1 版 | | 印　　次:2015 年 4 月第 1 次印刷 | | |
| 书　　号:ISBN 978 - 7 - 313 - 12813 - 3/TP | | ISBN 978 - 7 - 89424 - 109 - 2 | | |
| 定　　价(含光盘):50.00 元 | | | | |

# 前　言

　　近年来,随着计算机图形技术和硬件的进步,虚拟仿真行业及游戏行业的产品无论是画面品质还是操作方法都在越来越贴近真实,开发成本和技术难度也越来越高。虚拟仿真及游戏开发引擎的出现,使得产品的开发方式产生了巨大的变革。无论是游戏行业还是房地产开发、虚拟展示、医学模拟、军事训练等领域,都有着虚拟仿真引擎在背后的巨大支持,通过形形色色的穿戴式设备以及高精尖的展示方式吸引着人们的眼球。

　　同时,随着虚拟仿真行业的发展,行业开发人才的缺口逐渐显现出来,优秀的虚拟仿真开发工程师越来越成为开发市场中炙手可热的人物。如何培养该行业优秀的开发人才,这就需要将虚拟仿真引擎的教育课程植入各个高校中。相信在不久的将来,拥有了完善的引擎开发课程体系之后,虚拟仿真和游戏开发行业将会迎来更多的人才。

编　者

2015 年 1 月

# 目　录

# 第1章
# 虚拟仿真及引擎介绍

## 1.1　虚拟仿真简介

虚拟仿真(Virtual Reality)技术,简称 VR,又称虚拟现实技术,是近年来出现的高新技术。虚拟现实是利用电脑模拟产生一个三维空间的虚拟环境,通过输出设备提供给使用者关于视觉、听觉、触觉等感官的模拟,让使用者如同身临其境一般,并能够及时、无限制地观察三维空间内的事物,通过各种输入设备与虚拟环境中的事物进行交互。

虚拟仿真技术的应用领域非常广泛,它可以被应用于产品展示(见图1-1)、医学、军事航天、室内设计、房产开发、工业仿真、应急推演及游戏等领域。

除了超仿真的效果,虚拟仿真技术可以有效降低成本,例如,在医学领域,医生可以通过虚拟仿真软件进行各种解剖及手术练习。由于不受标本、场地等的限制,通过这种技术使得培训费用大大降低。一些用于医学培训、实习和研究的虚拟仿真系统,仿真程度非常高,其优越性和效果是不可估量和不可比拟的。

**图1-1　虚拟仿真汽车产品拆装模拟**

## 1.2　虚拟仿真引擎简介

同游戏开发一样,在早期虚拟现实及仿真类项目的开发中,并没有非常成熟完善的虚拟交互引擎,开发者通常都会通过底层代码自己制作图形编辑器及各种工具,其实这些工具就是相对简单的虚拟仿真交互引擎,这种开发方式所面临的问题是遇到的问题较多从而导致开发周期较长。

目前市场上已经有各种类型的交互引擎,例如 Unity、Torque、UnigineVirtools 等,这些引擎的出现给虚拟仿真项目的开发带来了一场革命,它们使项目开发的时间大大缩短,并且借助引擎的强大图形表现使画面效果有了更好提升。Unity 引擎正是这些虚拟仿真引擎中的佼佼者,它已经与虚拟仿真行业的巨头 Occlus 公司全面合作,共同拓展虚拟仿真市场。另外,截至2014年,它在全功能引擎市场的占有率已经达到了45%,手机市场的占有率超过80%。下面就为大家介绍这款开发市场占有率和使用率最高的虚拟仿真及游戏引擎——Unity。

Unity 是由 Unity Technologies 公司开发的跨平台专业游戏引擎,它打造了一个完美的程序开发生态链,用户可以通过它轻松实现各种游戏创意和三维互动的开发,创作出精彩的虚拟仿真和游戏内容(见图1-2),同时它能够一键部署到各种游戏平台上,另外,通过 Unity 资源商店(Asset Store)可以分享和下载各种资源。

图 1-2  Unity 官方宣传

作为一款国际领先的专业游戏引擎,Unity 精简、直观的工作流程,组成了一个强大的工具集,可以让开发者的游戏开发进展更快。开发者可在 Unity 中导入 3D 模型、图像、视频、声音等各种资源;可利用 Unity 快速可扩展的场景构建模块,创建复杂的虚拟世界;可利用 C♯ 和 JavaScript 等开发语言和脚本开发工具编写脚本。

Unity 编辑器可以同时运行在 Windows 和 Mac OS X 平台上,其最主要的特点是:一次开发便可以部署到目前所有主流的游戏平台,包括 Windows、Linux、Mac OS X、iOS、Android、Xbox 360、PS3、Wii 和 WEB 等(见图 1-3),用户无须二次开发和移植,就可以将产品轻松部署到相应的平台,节省了大量的时间和精力。因此,在移动互联网大行其道的今天,Unity 正吸引着越来越多人的关注。

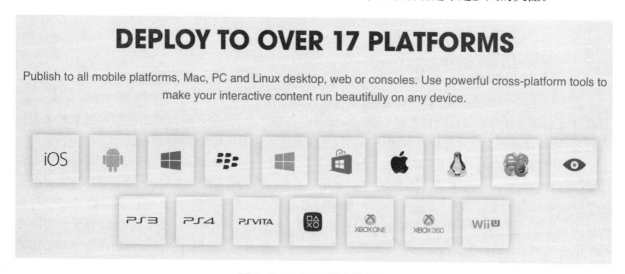

图 1-3  Unity 可发布的平台

在虚拟现实应用及手机游戏大行其道的今天,Unity 正日趋受到移动开发者的青睐。在中国,游戏行业及虚拟现实行业对 Unity 引擎的关注度也正日益加深,不断有采用 Unity 开发的移动游戏、网页游戏,甚至端游曝光。Unity 目前的发展,以及在中国的情况,展示了 Unity 的惊人发展力,截至 2014 年,

Unity 全球已经有超过 300 万注册开发者,日活跃率 30％。在中国有 40 多万注册开发者,前 20 名的中国公司都在使用 Unity 开发。使用 Unity 开发者遍布中国 200 多个城市,其中约 60％开发移动端,40％开发 PC 端。Unity 中国同比增长率是 270％。

从诞生到现在十年时间,Unity 已经成长为移动游戏领域较为优秀的游戏引擎。

2004 年,丹麦哥本哈根,Joachim Ante、Nicholas Francis 和 David Helgason 决定一起开发一个易于使用、与众不同并且费用低廉的游戏引擎,帮助所有喜爱游戏的年轻人实现游戏创作的梦想。于是在 2005 年发布了 Unity 1.0。

2007 年,Unity 2.0 发布。新增了地形引擎、实时动态阴影,支持 DirectX 9 并具有内置网络多人联机功能。

2009 年,Unity 2.5 发布。添加了对 Windows Vista 和 XP 系统的全面支持,所有功能都可以与 Mac OS X 实现同步和互通。Unity 在其中任何一个操作系统中都可以为另一个平台制作游戏,实现了真正意义上的跨平台。很多国内用户就是从该版本开始了解和接触 Unity 的。

2010 年,Unity 3.0 发布。添加了对 Android 平台的支持。整合了光照贴图烘焙引擎 Beast。Unity 3.0 通过使用 MonoDevelop 在 Windows 和 Mac 系统上引入了脚本调试,可以中断游戏、逐行单步执行、设置断点和检查变量,还支持遮挡剔除和延迟渲染。

2012 年,Unity 上海分公司成立,Unity 正式进军中国市场。同年,Unity 4.0 发布。Unity 4.0 加入了对 DirectX 11 的支持和 Mecanim 动画工具,还增添了 Linux 和 Adobe Flash Player 发布预览功能。

2014 年,Unity Technologies 公司在加拿大、中国、丹麦、英国、日本、韩国、立陶宛、俄罗斯等国家和地区都建立了相关机构,在全球拥有来自 30 多个不同国家和地区的超过 300 名雇员。Unity Technologies 公司目前仍在以非常迅猛的速度发展着,并且在 2014 年 4 月宣布 Unity 5.0 会在同年发布。

# 1.3　游戏及虚拟仿真作品介绍

### 1. Unity 游戏介绍

市面上的各种游戏,如大型网络游戏、竞速游戏、单机 RPG 游戏、3D 射击游戏,以及即时战略类游戏等,都可以使用 Unity 开发出来。目前在移动平台游戏开发领域,Unity 已成为举足轻重的游戏引擎之一,苹果的 App Store 和 Android 的各类渠道上,超过 50％的游戏是使用 Unity 开发的。"快速开发"是吸引开发者使用 Unity 的最大原因,很多用户认为 Unity 易学易用,能够快速实现他们的游戏构想。在移动平台上,Unity 的开发诞生了不少成功的大作,例如《炉石传说》、《纪念碑谷》、《捣蛋猪》、《神庙逃亡 2》及《暗影之枪》等,下面对部分游戏作简要介绍。

《纪念碑谷》(见图 1-4)。该游戏采用了一个先入为主的方式将第一画面呈现给大家,沉默的公主艾达也随之展开了一段惊人且奇妙的旅程。玩家扮演的公主需要在一个类似画家埃舍尔"矛盾空间"的宫殿中行进,游戏中的矛盾宫殿利用了循环、断层以及视错觉等多种空间效果,构建出看似简单却又出人意料的迷宫,一些超出理论常识的路径连接,让玩家在空间感方面一下子摸不着头脑,而这也是本作的精髓所在。不过由于通关路径设计具有唯一性,加之建筑和场景又相对固定,所

图 1-4　《纪念碑谷》(Monument Valley)

以玩家只要有耐心探寻就会找到明确的方向,打开一个个门,穿越一个个关卡,最后帮助公主获得新生。游戏还有一些非玩家控制角色,乌鸦人是公主需要避开的敌人,图腾是能帮助公主继续前进的好朋友,神秘的女祭司经常会传达一些神秘的话语给玩家启示。可以说,《纪念碑谷》成功地给玩家带来一次神奇建筑与奇妙几何体相结合的梦幻探险。该作 iOS 版本刚推出时曾荣登 App Store 付费下载排行榜第一。

　　《炉石传说》是暴雪娱乐公司旗下的一款主打游戏(见图 1-5),同时也是经典游戏《魔兽争霸》和《魔兽世界》系列的延伸。在《炉石传说》这款游戏中,玩家可以选取魔兽系列中的九大经典英雄人物之一,以英雄的职业为主题组建自己独特的套牌,与其他玩家进行对战,赢取新的卡牌,从中享受乐趣。该游戏在推出后大获成功,在 2014 年的 Unity 游戏及应用大赛上获得了最为重要的金立方奖,以及最佳游戏性设计奖。

图 1-5　《炉石传说》

　　《捣蛋猪》(Bad Piggies)由大名鼎鼎的《愤怒的小鸟》(Angry Birds)的开发商 ROVIO 公司制作(见图 1-6)。《捣蛋猪》是采用 Unity 引擎开发的一个从小猪的视角来创作的全新游戏,整个游戏过程中可以创建载具,通过飞行、爬行、滚动、旋转、撞击让小猪找到地图碎片、鸟蛋、蛋糕、钥匙……《捣蛋猪》中的主角是雀斑猪,形象延续了《愤怒的小鸟》中的造型。不同的是《捣蛋猪》并不是将小猪砸向对手或建筑,而是玩家需要通过载具来收集星星,完成关卡、沙盒的任务。在新游戏发布到 iTunes 的应用程序商店短短三个小时之内,就已经登上 No.1 的宝座!

图 1-6　《捣蛋猪》(Bad Piggies)

### 2. Unity 在虚拟现实领域的应用

除了游戏开发领域,Unity 引擎还被广泛运用于航空航天、军事国防、工业仿真、教育培训、医学模拟、建筑漫游等领域,一般统称为 Serious Games(严肃游戏),也称为虚拟现实产品。在虚拟现实领域,Unity 在很多方面具有非常明显的优势,如完备的引擎功能、高效的工作流程、更逼真的画面效果、跨平台发布以及丰富的第三方插件等,这使得 Unity 在虚拟现实领域也广受欢迎与关注。下面将简要介绍 Unity 在虚拟现实领域的实际应用案例。

《潜艇训练模拟》(Submarine Trainer Demo)是由 Real Visual 公司采用 Unity 引擎开发的一个潜艇驾驶模拟培训平台演示(见图 1-7),它能以 3D 虚拟仿真的培训方式,为潜艇的艇员进行培训。该仿真和培训演示平台向使用者提供潜艇的 6 个区域进行模拟培训,分别是:潜艇外部、控制室、食堂、休息舱、引擎室和逃生区域,且有两个附带的培训场景。

图 1-7 潜艇训练模拟

Alpha Muse 音乐可视化合成工具,是由 Current Circus 公司采用 Unity 引擎开发的音乐可视化创作工具(见图 1-8)。在 Alpha Muse 的世界中,玩家探索和收集生物创建程序乐曲。每个生物都是一个音乐元素,这些元素可以加入玩家的自定义音乐中。玩家可以通过调整和修改他们的歌曲来编辑生物在空间中的飞行轨迹。且给玩家提供 Muse Dev 社区,供其分享自己的创作。

图 1-8 Alpha Muse 音乐可视化合成工具

交互可视化工具 DOMICILE NUOVO(见图 1‐9),该项目是由 NVYVE INC.公司基于 Unity 引擎开发制作的全交互 3D 公寓可视化程序。在程序中,开发者基于渥太华的小意大利区构建了一个大规模的 3D 场景,无论是建筑外部和房屋内部的细节都非常到位。用户可以在城市中进行探索,并查看公寓单元的平面布置图,可以通过定制界面对建筑物的细节进行查看和操作。该项目通过 55 寸大屏幕的多点触摸显示器展示。

**图 1‐9　交互可视化工具 DOMICILE NUOVO**

综上所述,Unity 在虚拟现实领域已经拥有许多典型的成功案例,并且在这个领域 Unity 具有不可替代的巨大优势,所以有理由相信在未来几年内,Unity 仍将在这个领域保持快速发展的势头,用户将会看到越来越多高质量的 Unity 虚拟现实作品。

# 1.4　软件安装

Unity 编辑器可以运行在 Windows 和 Mac OS X 平台上,用户可依据自身的喜好来选择相应的平台工作。下面将介绍这两个平台上 Unity 的安装步骤,安装示例所用的 Unity 版本号均为 4.5.2。

## 1. 在 Windows 下的安装

(1) 打开浏览器,在地址栏输入 Unity 官方下载网址 http://unity3d.com/unity/download/,在打开的网页中单击 `Download Unity 4.5.2` 按钮,开始下载 Unity 安装程序,如图 1‐10 所示。由于本书编写时 Unity 的最新版本是 4.5.2,所以下载页面上显示的是相应的版本号,Unity 引擎是向下兼容的,所以用户不必担心使用上会有任何问题。

(2) 下载完安装程序后,双击 UnitySetup‐4.5.2.exe 可执行文件,会弹出 Unity 程序安装窗口,如图 1‐11 所示。单击"Next"按钮会弹出 License Agreement(许可协议)窗口,仔细阅读软件的授权许可协议,确认无误后在窗口中单击"I Agree"按钮继续软件的安装,如图 1‐12 所示。

(3) 此时会弹出 Choose Components(组件选择)窗口,如图 1‐13 所示。在此窗口中除了 Unity 主程序是必选项,其他的组件都是可选的,例如 Example Project(示例项目)、Unity Development Web Player(Unity Web 播放器开发包)和 MonoDevelop(MonoDevelop 编辑器),如果全部安装大约需要 2.5 GB 空间,建议用户安装时全选这些组件,以便后续的学习和使用。用户确认全选所有的组件后,在窗口中单击"Next"按钮继续安装。

图 1-10　Unity 安装页面

图 1-11　Unity 安装窗口

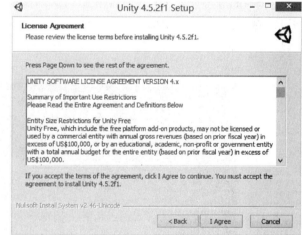

图 1-12　License Agreement(许可协议)窗口

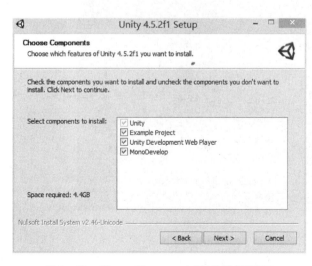

图 1-13　Choose Components(组件选择)窗口

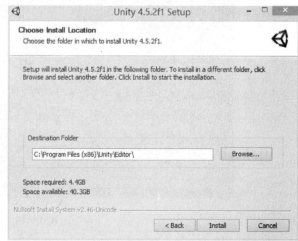

图 1-14　Choose Install Location(选择安装路径)窗口

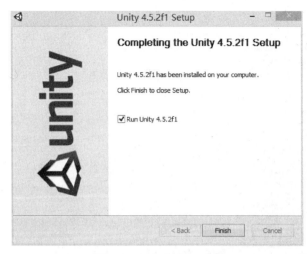

图 1－15　完成 Unity 安装

（4）在弹出的 Choose Install Location（选择安装路径）窗口中设置好软件安装路径后，单击"Install"按钮开始程序的安装，如图 1－14 所示。

（5）耐心等待一段时间，安装过程结束后会弹出完成安装的提示窗口，在窗口中选择"Run Unity 4.5.2"复选框，然后单击"Finish"按钮完成 Unity 的安装步骤，如图 1－15 所示。

（6）如果是第一次运行 Unity，会弹出"License"窗口，用户须按提示选择正确的选项后才能运行 Unity 程序。

如果用户已经购买过 Unity，那么可在 Activate the existing serual number you received in your invoice 下的输入框中输入序列号，然后单击"OK"按钮运行 Unity。

如果还没有购买 Unity，那么可以选择激活免费版 Unity，或是激活 30 天试用期的 Unity 专业版。Unity 专业版相比免费版而言拥有更为强大的功能和分析工具，用户可以通过单击窗口下方的 License Comparison 链接查看它们之间的详细区别，当然也可以单击"Online Store 链接"直接进入在线商店购买 Unity 及相关产品，如图 1－16 所示。

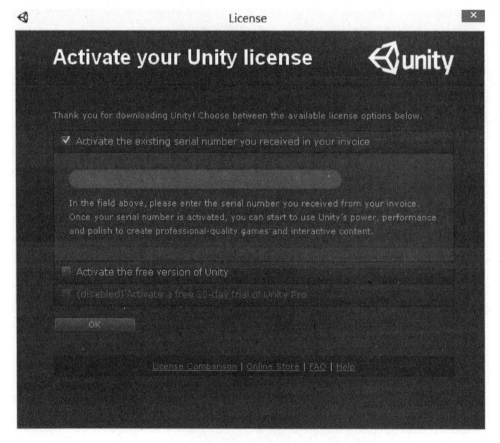

图 1－16　License 窗口

### 2. 在 Mac 下的安装

Unity 在 Mac OS X 操作系统下的安装与在 Windows 操作系统中的安装略有差异,下面简要介绍如何在 Mac OS X 操作系统下安装 Unity。

(1) 首先双击下载好的安装包"Unity‑4.5.2.dmg",弹出"Unity Installer"窗口(见图 1‑17),在窗口中双击"Unity.pkg"文件进行安装。

**图 1‑17　Unity Install 窗口**

(2) 此时弹出"欢迎使用 Unity 安装器"的窗口,在窗口单击"继续"按钮,如图 1‑18 所示。

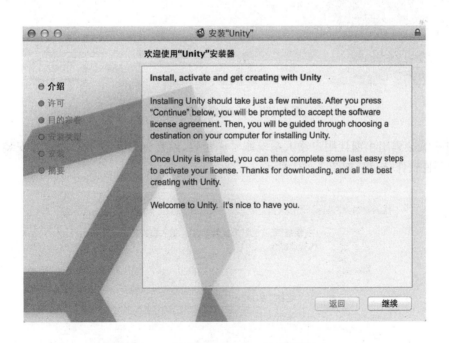

**图 1‑18　欢迎使用 Unity 安装器窗口**

(3) 接着会显示软件许可协议窗口,确认无误后单击"继续"按钮,此时会弹出小窗提示用户确认协议,单击"同意"按钮同意该协议,如图 1‑19 所示。

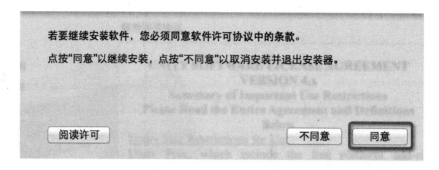

图 1-19　软件许可协议窗口

（4）接着会弹出安装确认窗口，显示 Unity 软件将占用 3.44 GB 的硬盘空间，单击"安装"按钮继续安装，如图 1-20 所示。

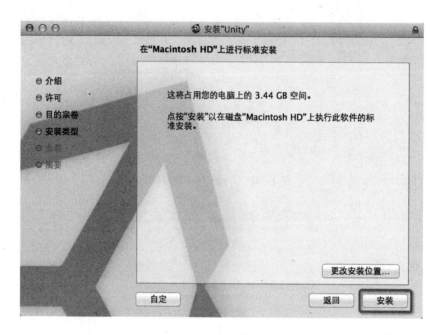

图 1-20　Unity 安装确认窗口

（5）此时系统会弹出小窗让用户输入系统账号和密码，以允许进行 Unity 软件的安装，输入账号和密码后单击"安装软件"按钮，如图 1-21 所示。

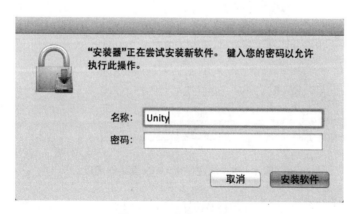

图 1-21　安装允许确认

（6）Unity 软件安装完成后将会显示安装成功的信息，单击"关闭"按钮关闭当前窗口，如图 1-22 所示。

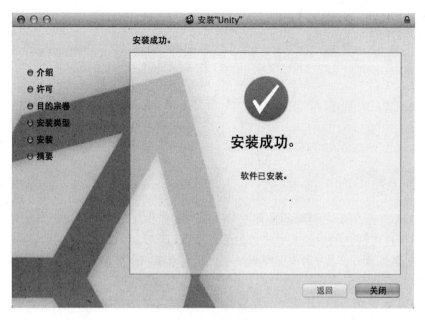

图 1-22 Unity 安装成功

# 第 2 章
# 引擎编辑器

## 2.1 界面布局

本章开始将着重介绍 Unity 引擎的使用。Unity 引擎提供了功能强大、界面友好的 3D 场景编辑器,许多工作可以通过可视化的方式来完成省去编程步骤,且 Unity 编辑器在 Windows 系统和 Mac 系统下还拥有非常一致的操作界面,用户可在两个平台间共享 Unity 工程。同时,它的界面还具有很大的灵活性和定制功能,用户可以依据自身的喜好和工作需要定制界面所显示的内容。

Unity 界面主要包括菜单栏、工具栏以及相关的视图等内容,如图 2-1 所示。

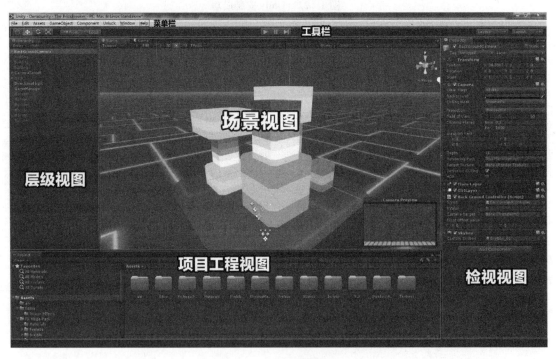

图 2-1　Unity 编辑器界面

## 2.2 工具栏

Unity 的工具栏主要是由图标组成的,位于菜单栏的下方,它提供了最常用功能的快捷访问。工具栏主要包括 Transform(变换)工具、Transform Gizmo(变换 Gizmo)切换、Play(播放)控件、Layers(分层)下拉列表和 Layout(布局)下拉列表,如图 2-2 所示。

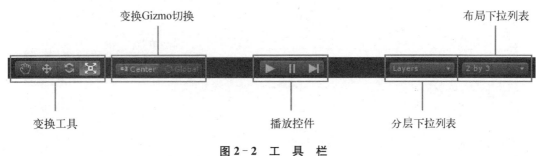

变换Gizmo切换

布局下拉列表

变换工具

播放控件

分层下拉列表

图 2-2　工　具　栏

### 1. Transform(变换)工具

(1) Hand(手形)工具,快捷键为 Q。

使用手形工具可以平移 Scene 视图,按住"Alt"键可以对场景视图进行旋转操作,该工具的主要作用是方便观察场景,以便编辑场景中的游戏对象。需要注意的是:该工具的作用对象是场景视图,对场景中的游戏物体是没有任何影响的。

小技巧:对于视图的平移操作,实际上无需单击"Hand"按钮,直接按住鼠标中键 Unity 就会自动激活视图平移工具,如图 2-3 所示。

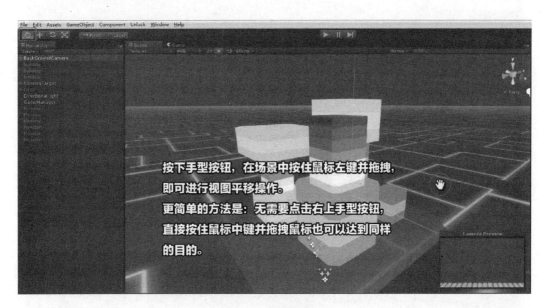

图 2-3　平移视图技巧

(2) Translate(移动)工具,快捷键为 W。

使用移动工具可以在 Scene 视图中先选择游戏对象,这时候会在该对象上出现该游戏物体的三维坐标轴,然后通过在各坐标轴向上按住左键并拖动鼠标即可改变游戏物体在相应轴向上的位置,如图 2-4 所示。

(3) Rotate(旋转)工具,旋转选中的物体,快捷键为 E。

使用旋转工具可以在 Scene 视图中按任意角度旋转选中的游戏对象,如图 2-5 所示。

(4) Scale(缩放)工具,快捷键为 R。

使用缩放工具可以在 Scene 视图中缩放选中的游戏对象,如图 2-6 所示,其中前后轴代表沿 Z 轴缩放,左右轴代表沿 X 轴缩放,上下轴代表沿 Y 轴缩放,也可以通过选中中间灰色的方块,此时是将对象在 3 个坐标轴上进行统一的缩放(等比缩放)。

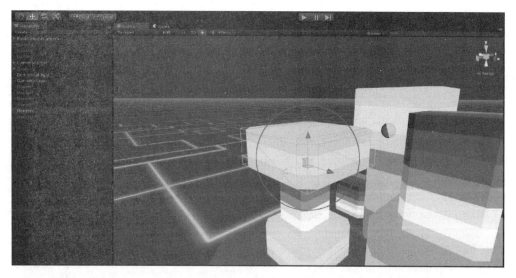

图 2-4 移 动 工 具

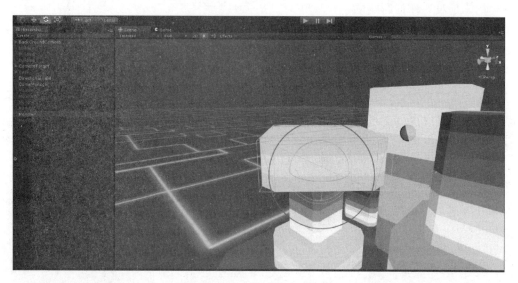

图 2-5 旋 转 工 具

图 2-6 缩 放 工 具

**2. 坐标系工具**

（1）Transform Gizmo（变换 Gizmo）切换。改变游戏对象的轴心点（Center：改变游戏对象的轴心为物体包围盒的中心；Pivot：使用物体本身的轴心）。

（2）改变物体的坐标（Global：世界坐标；Local：自身坐标）。掌握并灵活地运用轴心点、坐标系，对今后的开发工作是非常有帮助的。

以下是物体在不同坐标系的情况，图 2-7 为世界坐标系，图 2-8 为自身坐标系。

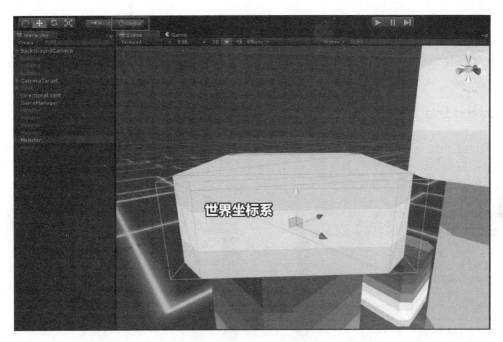

图 2-7　世界坐标系

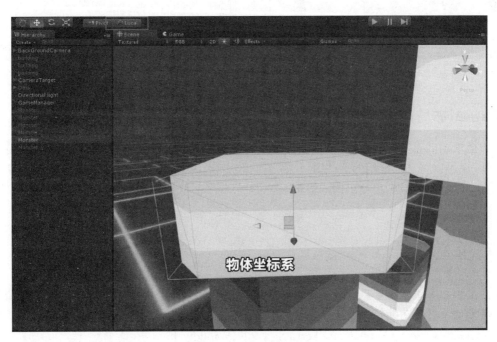

图 2-8　自身坐标系

### 3. Play(播放)控件

该控件使得用户可以自由地在游戏编辑和游戏预览状态之间随意切换,使得游戏的调试和运行变得便捷、高效。从左至右依次为:预览游戏、暂停、逐帧。需要注意的是:在播放预览模式下,用户对游戏场景的所有修改都是临时的,所有的修改在退出游戏预览模式后都会被还原。

(1) ▶预览按钮

用于预览游戏,单击该按钮,编辑器会激活 Game 视图;再次单击则退出游戏预览模式。

(2) ▍▍暂停按钮

用于暂停游戏,再次按下该键可以让游戏从暂停的地方继续运行。

(3) ▶▍逐帧播放

用于逐帧预览游戏,可以在游戏中一帧一帧运行游戏,方便用户查找游戏存在的问题,是个非常有用的功能。

### 4. Layers(分层)下拉列表

用来编辑游戏对象所在的层,在下拉菜单中为选择状态的物体将被显示在 Scene 视图中,如图 2-9 所示。层是非常有用的功能,例如摄像机、光源对象都会有针对层的设置选项,用于快速、明确地排除或包含作用的游戏对象,非常方便实用。

图 2-9　Layers 下拉列表

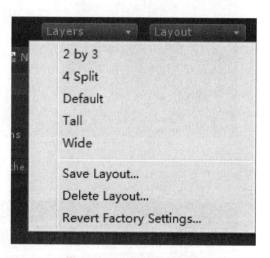

图 2-10　Layout 下拉列表

### 5. Layout(布局)下拉列表

用来切换视图的布局,用户也可以存储自定义的界面布局(见图 2-10),除了可以对布局的位置进行设置以外,还可以将自己常用的一些窗口、视图调取出来,从而将 Unity 的编辑器界面设置成自己最习惯的样式,并保存。这样,更便于用户对 Unity 的使用。

## 2.3　菜单栏

菜单栏是学习 Unity 的重点,通过对菜单栏的学习可以对 Unity 各项功能有直观而快速的了解,为进一步学习 Unity 各项功能打下良好的基础。默认设置下 Unity 菜单栏共有 9 个菜单项,分别是 File、Edit、Assets、GameObject、Component、Terrain、Tools、Window 和 Help 菜单。

需要注意的是:在项目工程中导入例如插件、脚本、图像特效等资源后,菜单栏以及菜单项会发生变化。

### 1. File(文件)菜单

File(文件)菜单栏包括项目与场景的打开、保存、发布等功能。File 菜单的各项功能和用途如表 2-1 所示。

表 2-1　File(文件)菜单栏

| File 菜单项 | 用　途 | 快捷键 |
|---|---|---|
| New Scene | 新建场景 | Ctrl+N |
| Open Scene | 打开场景 | Ctrl+O |
| Save Scene | 保存场景 | Ctrl+S |
| Save Scene as ... | 场景另存为… | Ctrl+Shift+S |
| New Project ... | 新建项目工程文件 | |
| Open Project ... | 打开项目工程文件 | |
| Save Project ... | 保存项目工程文件 | |
| Build Settings ... | 发布设置 | Ctrl+Shift+B |
| Build & Run | 发布并运行 | Ctrl+B |
| Exit | 退出 Unity | |

### 2. Edit(编辑)

Edit(编辑)菜单栏主要包括对场景进行一系列的编辑及环境设置操作等命令。Edit 菜单的各项功能和用途,如表 2-2 所示。

表 2-2　Edit(编辑)菜单栏

| Edit 菜单项 | 用　途 | 快捷键 |
|---|---|---|
| Undo Selection Change | 撤销上一步操作 | Ctrl+Z |
| Redo | 执行"Undo Selection Change"的反向操作 | Ctrl+Y |
| Cut | 剪切:剪切选中的物体 | Ctrl+X |
| Copy | 拷贝:复制选中的物体 | Ctrl+C |
| Paste | 粘贴:粘贴选中的物体 | Ctrl+V |
| Duplicate | 复制:复制并粘贴选中的物体 | Ctrl+D |
| Delete | 删除:删除选中的物体 | Shift+Del |
| Frame Selected | 居中并最大化显示当前选中的物体 | F |
| Find | 搜索,按名称查找物体 | Ctrl+F |
| Select All | 选择全部,选择场景中所有物体 | Ctrl+A |
| Preferences ... | 偏好设置 | |
| Play | 播放/运行,选择播放即可对游戏场景进行预览,相当于单击工具栏中的播放按钮 | Ctrl+P |
| Pause | 暂停/中断,选择暂停即可停止预览,相当于单击工具栏中的暂停按钮 | Ctrl+Shift+P |

续　表

| Edit 菜单项 | 用　　途 | 快捷键 |
|---|---|---|
| Step | 单帧,可以单帧进行游戏预览,方便进行细节的观察,相当于单击工具栏中的逐帧播放按钮 | Ctrl+Alt+P |
| Load Selection | 载入选择 | |
| Save Selection | 存储选择 | |
| Project Settings | 工程设置 | |
| Render Settings | 渲染设置 | |
| Network Emulation | 网络模拟 | |
| Graphics Emulation | 图形模拟 | |
| Snap Settings … | 对齐设置 | |

### 3. Asset(资源)

Asset(资源)菜单栏主要包括对各种资源导入的命令。通过对 Asset(资源)菜单的学习可以更好地掌握资源在 Unity 中的应用。Asset 菜单的各项功能和用途,如表 2-3 所示。

表 2-3　Asset(资源)菜单栏

| Assets 菜单项 | 用　　途 | 快　捷　键 |
|---|---|---|
| Create | 创建资源 | |
| Show in Explorer | 在资源管理器中显示资源 | |
| Open | 打开选中的资源 | |
| Delete | 删除选中的资源 | |
| Import New Asset … | 导入新的资源 | |
| Import Package | 导入资源包 | |
| Export Package … | 导出资源包 | |
| Find References In Scene | 在选中的场景中通过某些引用查找 | |
| Select Dependencies | 选择某一物体后,再使用此选项可以迅速查找跟所选物体有关的资源 | |
| Refresh | 刷新场景 | Ctrl+R |
| Reimport | 重新导入当前场景 | |
| Reimport All | 重新导入所有场景 | |
| Sync MonoDevelop Project | 与 MonoDevelop 工程同步 | |

### 4. GameObject(游戏对象/物体)

GameObject(游戏对象/物体)菜单栏包括灯光、摄像机、几何体、地形等游戏对象的创建,游戏对象的对齐、父子关系、中心点等游戏对象的操作功能。GameObject 菜单的各项功能和用途,如表 2-4 所示。

表 2‐4　GameObject(游戏对象/物体)菜单栏

| GameObject 菜单项 | 用　　途 | 快　捷　键 |
| --- | --- | --- |
| Create Empty | 创建一个空的游戏对象 | Ctrl＋Shift＋N |
| Create Other | 创建其他游戏对象 | |
| Center On Children | 父物体归位到子物体中心点 | |
| Make Parent | 创建父子集 | |
| Clear Parent | 取消子父集 | |
| Apply Changes To Prefab | 将改变的内容应用到预设体 | |
| Break prefab instance | 取消预设体模式 | |
| Move To View | 移动游戏对象到视图的中心点 | Ctrl＋Alt＋F |
| Align With View | 移动游戏对象与视图对齐,将选择的对象自动移动到当前视图并以当前视图为中心进行对齐 | Ctrl＋Shift＋F |

## 5. Component(组件)

Component(组件)是用来添加到 Game Object(游戏对象)上的一组相关属性。本质上每个组件是一个类的实例。Component(组件)菜单主要包括 Add、Mesh、Effects、Physics、Navigation、Audio、Rendering、Miscellaneous 菜单项,如表 2‐5 所示。

表 2‐5　Component(组件)菜单栏

| Component 菜单项 | 用　　途 | 快　捷　键 |
| --- | --- | --- |
| Add ... | 添加组件 | Ctrl＋Shift＋A |
| Mesh | 添加网格类型组件 | |
| Effects | 添加特效类型组件 | |
| Physics | 添加物理类型组件 | |
| Navigation | 添加导航类型组件 | |
| Audio | 添加音频类型组件 | |
| Rendering | 添加渲染类型组件 | |
| Miscellaneous | 添加杂项组件 | |

## 6. Window(窗口)

Window(窗口)菜单包含各种窗口切换、布局等操作,还可以通过它打开各种视图以及访问 Unity 的 Asset Store 资源商店。Window 菜单的各项功能和用途,如表 2‐6 所示。

表 2‐6　Window(窗口)菜单栏

| Window 菜单项 | 用　　途 | 快　捷　键 |
| --- | --- | --- |
| Next Window | 下个窗口,用于切换视角窗口 | Ctrl＋Tab |
| Previous Window | 上一个窗口,用于切换视角窗口 | Ctrl＋Shift＋Tab |
| Layouts | 布局选项,在此菜单中可以控制布局的样式,也可以自定义布局窗口,对自定义的风格进行保存以及恢复默认布局 | |

| Window 菜单项 | 用　途 | 快　捷　键 |
|---|---|---|
| Scene | 场景视图，即游戏场景设计面板 | Ctrl+1 |
| Game | 游戏视图，即游戏预览窗口 | Ctrl+2 |
| Inspector | 检视视图，即属性查看面板 | Ctrl+3 |
| Hierarchy | 层次视图，即显示游戏所有对象的面板 | Ctrl+4 |
| Project | 项目视图，即显示项目资源列表的面板 | Ctrl+5 |
| Animation | 动画编辑视图，即动画设计窗口 | Ctrl+6 |
| Profiler | 分析器视图，即 Unity 各类资源使用情况的查看器 | Ctrl+7 |
| Asset Store | Unity 资源商店，用户可以下载和出售相关的资源 | Ctrl+9 |
| Asset Server | 资源服务器，用于对资源进行版本管理 | Ctrl+0 |
| Lightmapping | 选择 Window→Lightmapping 即可开启烘焙窗口面板，对场景进行烘焙操作 | |
| Occlusion Culling | 选择 Window→Occlusion Culling 即可开启窗口进行遮挡剔除功能的相关设置 | |
| Navigation | 选择 Window→Navigation，即可开启导航设置面板，对导航进行设置 | |
| Console | 控制台，选择 Window→Console，即可开启控制台面板，进行错误排查等相关操作 | Ctrl+Shift+C |

### 7. Help(帮助)

Help(帮助)菜单能够帮助用户快速的学习和掌握 Unity,这里汇聚了 Unity 的相关资源,并可对软件的授权许可进行相应的管理,如表 2-7 所示。

表 2-7　Help(帮助)菜单栏

| Help 菜单项 | 用　途 | 快　捷　键 |
|---|---|---|
| About Unity … | 关于 Unity,即可打开 Unity 的软件版本以及详细的介绍 | |
| Manage License | 管理授权许可,查看和升级软件的授权许可 | |
| Unity Manual | Unity 手册,打开 Unity 在线的手册 | |
| Reference Manual | 参考手册 | |
| Scripting Reference | 脚本参考手册 | |
| Unity Forum | Unity 论坛,打开 Unity 的官方论坛 | |
| Unity Answers | Unity 问答,打开 Unity 的问答页面,在线提交 Unity 的问题或是查阅其他人的问答内容 | |
| Unity Feedback | Unity 反馈 | |
| Welcome Screen | 欢迎页面,打开 Unity 的欢迎页面 | |

| Help 菜单项 | 用　　　　途 | 快　捷　键 |
|---|---|---|
| Check for Updates | 检测升级,检测是否有更新的软件版本 | |
| Release Notes | 发布说明,查看 Unity 最新版本的发布说明,介绍相关的升级内容和修改的问题列表 | |
| Report a Bug | 提交 Bug,打开错误 Bug 反馈页面进行 Bug 问题反馈 | |

## 2.4　Project(项目)视图

### 1. 视图简介

Project 视图中显示了项目所包含的全部资源,每个 Unity 项目文件夹都会包含一个 Assets 文件夹,Assets 文件夹是用来存放用户所创建的对象和导入的资源,并且这些资源是以目录的方式来组织的,用户可以将资源直接拖入 Project 视图中或是依次打开菜单栏的"Assets→Import New Asset"项,在当前项目中导入资源。

Project(项目)视图包含了游戏工程所需的脚本、材质、字体、地形、贴图、外部导入的网格模型等所有的资源文件。

Project 视图由 Create 菜单、Search by Type(按类型搜索)菜单、Search by Label(按标签搜索)菜单、搜索栏和资源显示框等部分组成,如图 2-11 所示。

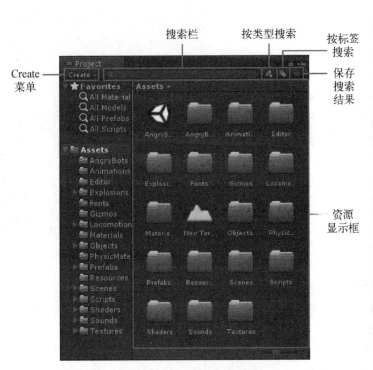

图 2-11　Project 项目视图

图 2-12　Project 视图中的 Create 按钮

**2. 视图操作**

Project 视图中的 Create 按钮与 Assets 菜单下的 Create 菜单项的功能是相同的,用于创建文件夹、脚本、Shader、预设体、材质、动画片段、立方图、镜头耀斑、自定义字体、渲染纹理、物理材质、GUI 皮肤、角色动画控制器、Avatar 遮罩等 Unity 内部资源,如图 2-12 所示。

在搜索栏中键入要搜索内容的名称,就可以快速查找到需要的资源。在 Unity 编辑器中鼠标悬停任意视图,按下空格键可以将该视图最大化,如果再次按空格键则恢复之前布局。

在进行资源操作的时候,需要注意的是:

(1) 用户应避免在 Unity 编辑器外部移动或重命名项目资源文件,如果需重新组织或移动某个资源,应该在 Project 视图中进行,否则会破坏资源文件与 Unity 工程之间的关联,甚至会损坏游戏工程。

(2) 为了最大程度避免不必要的错误,所有的资源尽量不要以中文字符进行命名,一般推荐使用英文字符,或英文字符加下划线、数字等模式的组合,但是一定要保证是英文字母或者下划线开头。

# 2.5　Hierarchy(层级)视图

## 1. 视图简介

Hierarchy(层级)视图显示当前场景中所用到的对象,如图 2-13 所示。虽然在 Scene 视图中提供了非常直观的场景资源编辑和管理功能,但是在 Scene 视图中游戏对象容易重叠或遮挡,这时候就需要在 Hierarchy 视图中进行操作,由于是文字显示方式,更易于资源的识别和管理。

## 2. 视图操作

在 Hierarchy 视图中提供了一种快捷方式将相似的对象组织在一起,即为对象建立 Parenting(父子)关系,通过为对象建立 Parenting 关系,可以使得对大量对象的移动和编辑变得更为方便和精确。用户对父对象进行的操作,会影响到其下所有的子对象,即子对象继承了父对象的数据。当然,对于子对象还可以对其进行独立的编辑操作。

游戏对象前的三角表示该游戏对象包含子对象,单击三角可以展开显示子对象,以便选择、编辑,如图 2-14 所示。

Hierarchy 视图中对象是按照字母顺序来排列的,用户如果随意命名场景中的对象,那么对象就非常容易重名,当要查找所需的对象时就难以辨别,所以良好的命名规范在项目中有着很重要的意义。

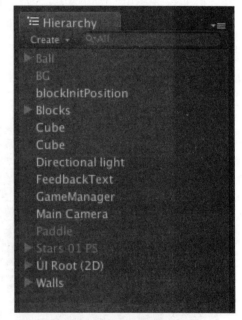

图 2-13　Hierarchy(层级)视图

在搜索栏中键入要搜索内容的名称,可以快速找到所需要的游戏对象,另外,场景中游戏对象的颜色也具有一定的含义,如图 2-15 所示。

Hierarchy 视图中的 Create 按钮与菜单栏中 Game Object 菜单下的 Create Other 菜单项是一致的,用于创建粒子、摄像机、GUI 文本、GUI 纹理、3D 字体、光源、基本几何体、布料、音频混合区、布娃娃系统、树、风区等游戏对象,如图 2-16 所示。

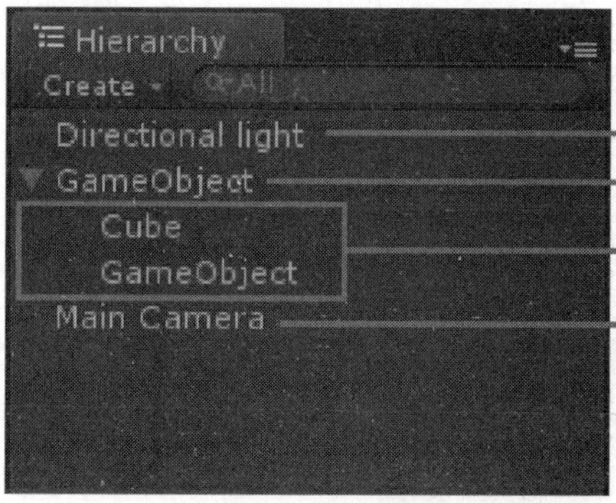

图 2-14 父子关系层级

图 2-15 层级视图中游戏对象的颜色 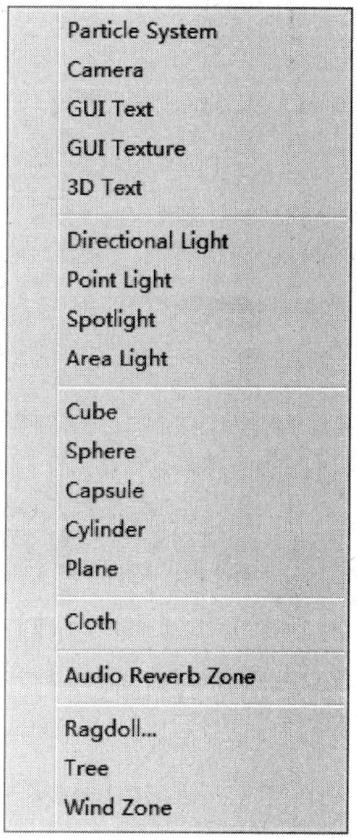　　　图 2-16 层级视图中的 **Create** 按钮

## 2.6 Inspector(检视)视图

### 1. 视图简介

Inspector(检视)视图用于显示在游戏场景中当前所选择对象及其组件的详细信息以及属性,如图 2-17 所示。

除了针对游戏对象属性以外,Inspector(检视)视图还可用于显示资源的属性、内容以及渲染设置、项目设置等参数,如图 2-18 所示。

Inspector 视图是非常庞大的,内容会根据所进行的工作而发生变化,具体的功能会在相应的**案例**中进行讲解。

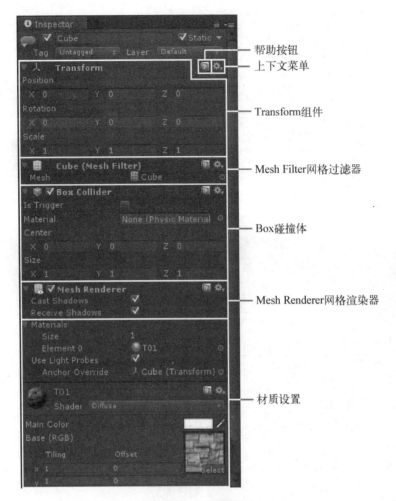

帮助按钮

上下文菜单

Transform组件

Mesh Filter网格过滤器

Box碰撞体

Mesh Renderer网格渲染器

材质设置

图 2-17 游戏对象属性的检视视图

## 2. 视图操作

在 Inspector 视图中每个组件都有对应的"帮助"按钮和"上下文"菜单。单击"帮助"按钮会在用户手册中显示这个组件相关的文档。单击"上下文"菜单会显示与该组件相关的选项,也可以在其下拉菜单中执行"Reset"命令,将属性值重置为默认值。

当选择了一个游戏对象时,Inspector(检视)视图会显示该游戏对象及其组件相应的参数以及属性,

单击立方体图标 ,在弹出的菜单中可以为当前游戏对象选择一种标签 。

勾选与取消勾选选择框 ,可以在 Scene 视图中显示或隐藏游戏对象。

需要注意的是:立方体图标会根据游戏对象的类型有所差异:

普通游戏对象的图标是红绿蓝颜色的立方体。

由预设体生成的实例对象的图标是蓝色立方体。

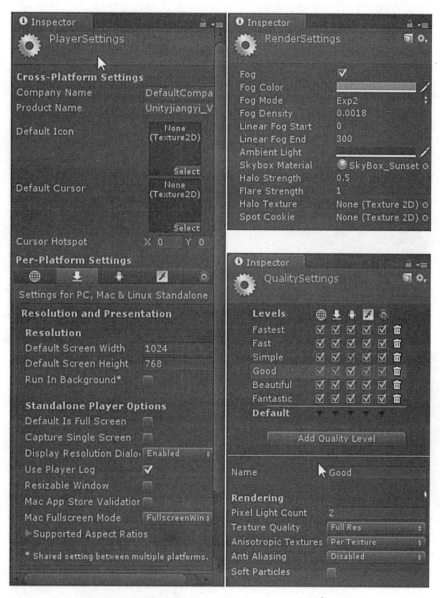

图 2 - 18 播放器设置、渲染设置及质量设置的检视视图

## 2.7 Game(游戏)视图

### 1. 视图简介

Game(游戏)视图是游戏的预览窗口,可以呈现完整的游戏效果,但不能用做编辑。当单击播放按钮后,该窗口可以进行游戏预览,如图 2 - 19 所示。

### 2. 视图操作

Game 视图的顶部是 Game 视图控制条,用于控制 Game 视图中显示的属性,例如屏幕显示比例、当前游戏运行的参数显示等。

Free Aspect 用于调整屏幕显示的比例,通过单击三角符号可以切换场景画面显示的比例。使

图 2-19　Game(游戏)视图

图 2-20　不同显示比例

用此功能可非常方便的模拟游戏在不同显示比例下的显示情况，如图 2-20 所示。

Maximize on Play 用于最大化显示场景的切换按钮，可以让游戏运行时将 Game 视图扩大到整个编辑器。

单击"Stats" Stats 按钮，在弹出的 Statistics 面板里会显示运行场景的渲染速度、Draw Call 的数量、帧率、贴图占用的内存等参数，如图 2-21 所示。

通过单击三角符号 Gizmos 可以显示隐藏场景中的灯光、声音、相机等游戏对象的图标，如图 2-22 所示。

图 2-21　Statistics 面板　　　　　　　　　图 2-22　Gizmos 面板

## 2.8　Scene(场景)视图

### 1. 视图简介

Scene(场景)视图是 Unity 最常用的视图之一,场景中所有用到的模型、光源、摄像机、材质、音效等游戏对象都显示在此窗口,如图 2-23 所示。

图 2-23　Scene(场景)视图

### 2. 视图操作

Scene 视图是构造游戏场景的地方,用户可以在这个视图中进行三维可视化的操作,Scene 视图下常用的操作方法如下:

(1) 旋转视图:按"Alt+鼠标左键",可以以当前轴心点来旋转场景。

(2) 移动视图:按住鼠标的滚轮键,或者按住键盘上的"Q"键,可移动场景。

(3) 缩放视图:使用鼠标滚轮,或按"Alt+鼠标右键"缩放视图的视角。

(4) 居中视图:按"F"键可以将选择的游戏对象居中并放大显示。

(5) Flythrough 模式:按住鼠标右键+W/A/S/D 键可以切换到 Flythrough 模式,以第一人视角在 Scene 视图中飞行浏览。

Scene Gizmo 工具:

在 Scene 视图的右上角是 Scene Gizmo 工具,使用它可迅速将摄像机的视角切换到预设的视角上。

单击 Scene Gizmo 工具上的每个箭头都可以改变场景的视角,例如 Top(顶视图)、Bottom(底视图)、Front(前视图)、Back(后视图)等。单击 Scene Gizmo 工具中间的方块或下方的文字,可以在 Isometric Mode(正交模式)和 Perspective Mode(透视模式)之间切换。Isometric Mode 模式下无透视效果,物体不会随着距离的调整而缩小,主要用于等距场景效果、GUI 和 2D 游戏中。Perspective Mode 模式会模拟一个真实的三维空间,随着距离的调整物体会有近大远小的视觉效果。

在 Scene 视图的上方是 Scene View Control Bar(场景视图工具栏),它可以改变摄像机查看场景的方式,比如绘图模式、渲染模式、场景光照、场景叠加等,如图 2-24 所示。

图 2-24　场景视图工具栏

## 2.9　Profile(分析器)视图

Unity 提供了强大的分析工具 Profiler,可更高效的提高游戏开发效率,Profiler 视图默认并不显示在编辑窗口面板中,依次打开菜单栏中的"Window→Profiler"项或按快捷键"F7"即可弹出 Profiler(分析器)视图,在视图中可以查询当前场景使用的 CPU、GPU、渲染、内存、声音、物理引擎的统计信息,如图 2-25 所示。

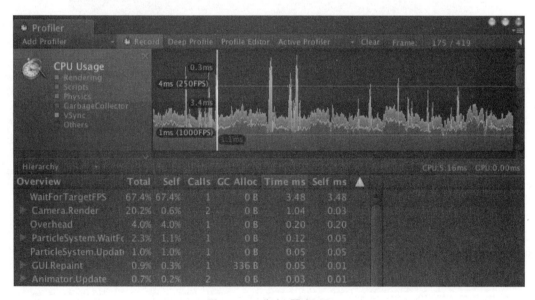

图 2-25　分析器视图

## 2.10　Console(控制台)视图

Console(控制台)视图是 Unity 中重要的调试工具,当用户测试项目或导出项目时,Console 视图和状态栏都会有相关的信息显示。当然用户也可以编写脚本在 Console 视图和状态栏输出调试信息,项目中的任何错误、消息或警告,都会在这个视图中显示出来,是重要的程序调试工具。用户可在 Console 视图中双击错误信息,调用编辑器自动定位有问题的脚本代码。

用户可依次打开菜单栏中的"Window→Console"项或按快捷键"Ctrl＋Shift＋C"来打开 Console 视图，也可以单击编辑器底部状态栏的信息打开该视图，如图 2－26 所示。

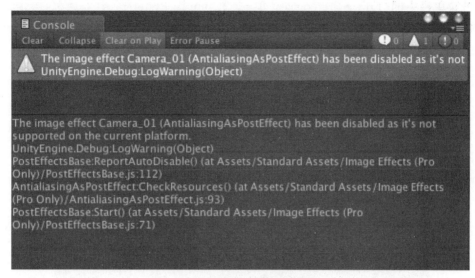

图 2－26 控 制 台 视 图

## 2.11 界面定制

### 1. Unity 编辑器布局设置介绍

用户可通过单击 Unity 编辑器右上角的布局下拉菜单来选择自己喜欢的视图布局，也可以根据个人需求，拖拽边界线来控制每个视图的大小，然后依次打开菜单栏中的"Windows→Layouts→Save Layout ..."项，此时会弹出"Save Window Layout"对话框，在对话框中输入自定义的布局名称，然后单击"Save"按钮来保存为新的视图布局，如图 2－27 所示。

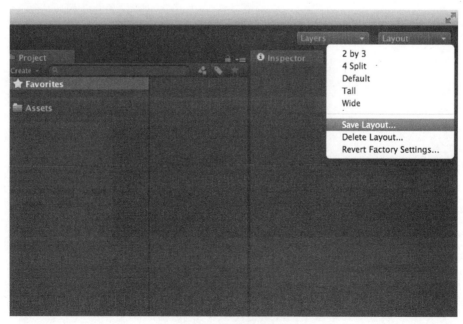

图 2－27 保存视图布局

### 2. Unity 编辑器色彩设置介绍

依次打开菜单栏中的"Edit→Preferences"项,弹出"Unity Preferences"对话框,单击对话框中的"Color"选项卡,可根据用户需求,修改相关参数来改变 Unity 编辑的外观以及色彩,如图 2-28 所示。

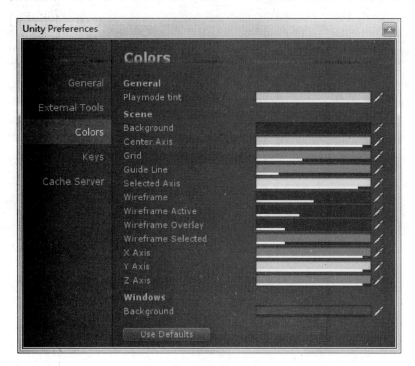

图 2-28　编辑器色彩定制

# 第3章
# 资源导入流程

## 3.1　3D 模型、材质与动画的导入

　　任何一款游戏的创建,都需要许多类型的资源,资源可以构建场景与游戏中的对象,如图 3-1 所示。

**图 3-1　游戏 3D 资源**

　　为了便于理解,可以认为在 Unity 中,资源包括内部资源、外部资源两种。

　　(1) 内部资源

　　即可以通过 Unity 内部生成的数据,文件夹、脚本、Shader、预设体、材质、动画片段、立方图、镜头耀斑、自定义字体、渲染纹理、物理材质、GUI 皮肤、角色动画控制器、Avatar 遮罩、地形等都可以理解为内部资源。

　　(2) 外部资源

　　Unity 作为一款游戏引擎并不具备诸如模型、纹理、角色动画、音频、视频等资源的创建、编辑功能,所以,Unity 提供了这些资源的接口,使得可以将上述资源导入到项目工程中进行使用。而这些资源即称为外部资源。

　　关于 Unity 资源的概念简单地理解为:凡是出现在 Unity 项目视图的 Assets 文件夹内的数据,都属于资源,如图 3-2 所示。资源是相对于整个项目工程而言的,在项目中的同一个场景以及不同场景都可以无限制地调取复用。

　　资源是一个比较庞大的体系,本章的重点是讲解 Unity 的外部资源,也就是模型网格、纹理、角色动

图 3 - 2　Unity 资源

画、音频、视频等几类最常用的资源类型。

　　目前，Unity 支持几乎所有主流的三维文件格式，例如 .FBX、.dae、.3DS、.dxf、.obj 等。用户在 Maya、3DS Max、Cinema 4D、Cheetah 3D 或 Blender 中导出文件到项目工程资源文件夹后，Unity会立即刷新该资源，并将变化应用于整个项目。Unity 对三维格式文件的支持情况如表 3 - 1所示。

表 3 - 1　Unity 对三维格式文件的支持情况

| 文　件　格　式 | 网　格 | 纹　理 | 动　画 | 骨　骼 |
|---|:---:|:---:|:---:|:---:|
| Maya .mb & .ma | √ | √ | √ | √ |
| 3D Studio Max .max | √ | √ | √ | √ |
| Cheetah 3D .jas | √ | √ | √ | √ |
| Cinema 4D .c4d | √ | √ | √ | √ |
| Blender .blend | √ | √ | √ | √ |
| Modo .lxo | √ | √ | √ | |
| Carrara | √ | √ | √ | √ |
| Lightwave | √ | √ | √ | √ |
| XSI 5.x | √ | √ | √ | √ |
| SketchUp Pro | √ | √ | | |

续　表

| 文　件　格　式 | 网　格 | 纹　理 | 动　画 | 骨　骼 |
|---|---|---|---|---|
| Wings 3D | √ | √ | | |
| Autodesk FBX . FBX | √ | √ | √ | √ |
| COLLADA . dae | √ | √ | √ | √ |
| 3D Studio . 3DS | √ | | | |
| Wavefront . obj | √ | | | |
| Drawing Interchange Files . dxf | √ | | | |

### 1. 主流三维软件简介

一般的游戏引擎本身的建模功能无论是专业性还是自由度都无法同专业的三维软件相比，所以大多数游戏中的模型、动画等资源都是由专业的三维软件生成，下面就介绍几款主流的三维软件，如图 3-3 所示。

（1）Autodesk 3D Studio Max，简称为 3DS Max 或 MAX，是 Autodesk 公司开发的基于 PC 系统的三维动画渲染和制作软件。其前身是 Discreet 公司开发的基于 DOS 操作系统的 3D Studio 系列软件，后被 Autodesk 公司收购。3DS Max 被广泛应用于广告、影视、工业设计、建筑设计、三维动画、多媒体制作、游戏、辅助教学及工程可视化等领域。

（2）Autodesk Maya 是美国 Autodesk 公司出品的三维软件，应用领域是专业的影视广告、角色动画、电影特技等。Maya 功能完善，能够提供良好的 3D 建模、动画、特效及渲染功能，是电影级别的高端三维制作软件。Maya 可在 Windows、Mac OS 等操作系统上运行。

图 3-3　专业三维软件

（3）Modo 是由 LuxologyLLC 设计并维护的一款高级多边形细分曲面、建模、雕刻、3D 绘画、动画与渲染的综合性三维软件。该软件具备许多高级技术，诸如 N-gons、多层次的 3D 绘画与边权重工具，可以运行在 Mac OS X 与 Windows 平台。

（4）Cinema 4D 是一套由德国 Maxon Computer 公司开发的三维软件，以极高的运算速度和强大的渲染插件而著称。Cinema 4D 应用广泛，在广告、电影、工业设计等方面都有出色的表现。它正成为许多一流艺术家和电影公司的首选。

其他软件例如 Cheetah 3D、LightWave、Blender 等也是常用的三维动画软件，众多的三维动画软件生成的数据，通过格式转化都可以被 Unity 所支持。

### 2. 模型、材质以及动画导入前的设置、准备工作

资源导入前需要做一些准备工作，以 Autodesk 3DS Max 为例，在 Autodesk 官网上可以下载相对应软件版本 3DS Max 2011 的 FBX 插件，此插件是免费的，如图 3-4 所示。

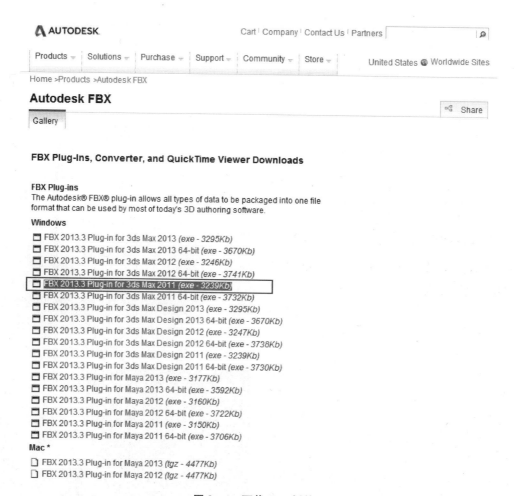

**图 3 - 4　下载 FBX 插件**

在导出的模型比例上需要注意，Unity 的默认系统单位为"米"，三维软件的单位与 Unity 单位的比例关系非常重要。所以在三维软件中应尽量使用米制单位，以便配合 Unity，表 3 - 2 中标明了三维软件系统单位在设置成公制单位"米"的情况下与 Unity 系统单位的比例关系。

**表 3 - 2　三维软件与 Unity 的单位比例关系**

| 三 维 软 件 | 三维软件<br>内部公制尺寸/米 | 默认设置导入<br>Unity 中的尺寸/米 | 与 Unity 单位的<br>比例关系 |
| --- | --- | --- | --- |
| Maya | 1 | 100 | 1∶100 |
| 3DS Max | 1 | 0.01 | 100∶1 |
| Cinema 4D | 1 | 100 | 1∶100 |
| Lightwave | 1 | 0.01 | 100∶1 |

### 3. 将模型、材质、动画导入 Unity 中

（1）首先使用三维软件打开制作完成的模型，如图 3-5 所示。

（2）将模型及纹理等资源导出成 FBX 文件格式，需要注意的是某些三维制作软件所使用的坐标轴与 Unity 所使用的坐标轴不一致，Unity 所使用的坐标系是 Y 轴向上，所以在导出时在"轴转化"选项中要注意选择 Y 轴向上，场景单位选用的是 Centimeters。若该模型有动画，则需要将导出设置中的"动画"选项勾选，FBX 的导出设置如图 3-6 所示。

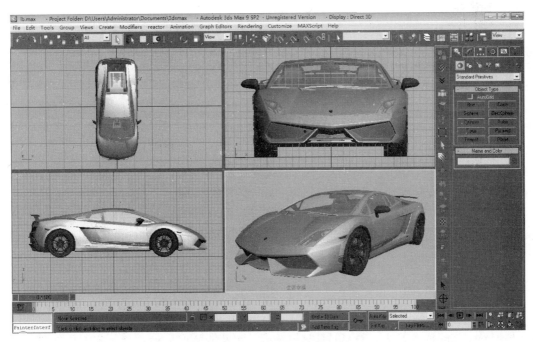

**图 3 - 5　3D Max 中制作的模型**

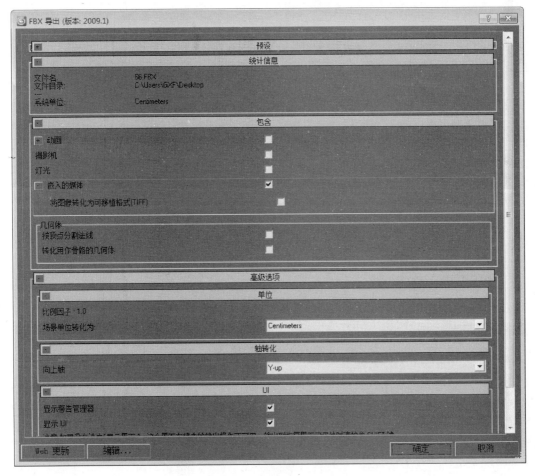

**图 3 - 6　FBX 导出设置**

　　（3）双击桌面上的 Unity 应用程序图标，打开 Unity 应用程序。首次打开会弹出"Unity-Project Wizard"对话框。该对话框用来或新建项目，如图 3 - 7 所示。

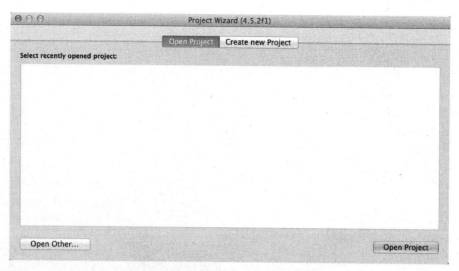

图 3-7　Unity 项目建立向导对话框

（4）单击"Create New Project"选项卡，切换到创建新项目对话框，单击"Set"按钮，弹出"Choose location for new project"对话框，指定项目路径（注意：如果是 Windows 系统下需要单独建立一个空文件夹，然后将项目路径指定到该文件夹），然后单击"Create"按钮创建新工程，如图 3-8 所示。

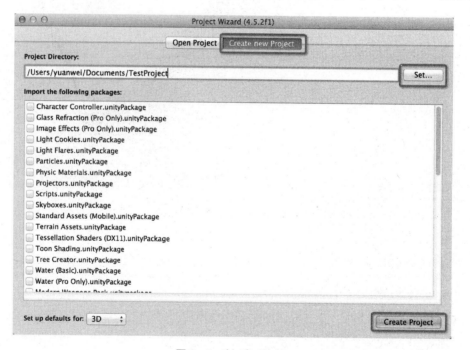

图 3-8　创 建 项 目

（5）将模型文件拖入 Unity 的"Project"视图中，在 Unity 界面 Project View 中的 Assets 文件夹下会显示出新增的资源文件，即刚才导入的 FBX 文件，并自动新建了 Materials 文件夹，如图 3-9 所示。

（6）选中该 FBX 模型，在"Inspector（检视）"视图中可以看到该资源的相关属性，如图 3-10 所示。下面将对该属性中 Model 面板进行详细介绍。

① 网格（Meshs）。

● 缩放系数（Scale Factor）：Unity 中物理系统默认游戏世界中一个单位等于 1 m。采用不同的软件、不同的单位（建议在三维软件中采用米制单位）创建的模型可以通过该功能进行校正。

● 网格压缩（Mesh Compression）：共有 4 个选项，Off 为不压缩，Low、Medium、High 依次代表压

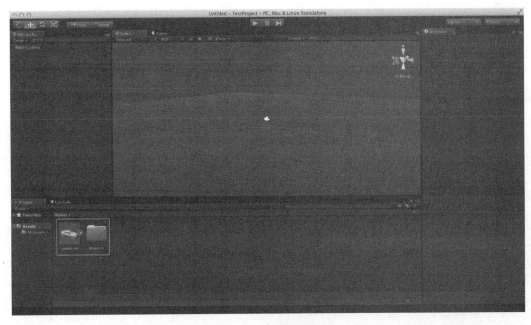

**图 3 - 9 资源导入成功**

缩值大小,压缩值越大则网格体的文件越小,但有可能导致网格出现错误。要依据实际情况进行调节。

- 读/写启用(Read/Write Enabled):选择该项后网格可被实时读写,默认为勾选。
- 优化网格(Optimize Mesh):选择该项后会优化网格,而 Unity 能够更快地渲染优化后的网格。
- 生成碰撞体(Cenerate Colliders):选择该项会为导入的物体生成碰撞体。
- 交换 UV(SwapUVs):如果光照贴图识别了错误的 UV 通道。选择这个选项,可以交换第一、第二 UV 通道。
- 生成光照贴图 UV 通道(Generate Lightmap):选择此选项将生产光照贴图所用的第二 UV 通道,并会弹出"Advanced Options"高级选项。

② 法线和切线(Normals & Tangents)。

- 法线(Normals):定义网格的法线。
- 平滑角度(Smooth Angle):设置网格面片的夹角阈值,作用于调节法线贴图切线。
- 分割切线(Split Tangents):如果模型因法线贴图出现接缝,激活这个选项,可以修复接缝问题。

③ 材质(Materials)。

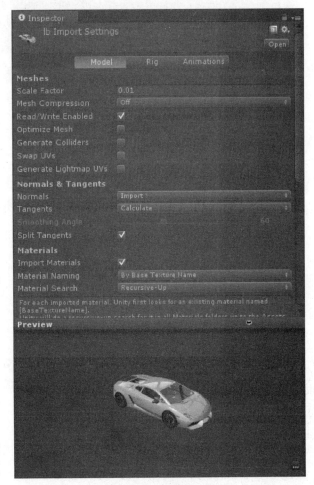

**图 3 - 10 Model 面板**

- 导入材质(Import Materials):选择该项,系统将用默认的漫反射材质取代 FBX 导入时的材质。

- 材质命名(Material Naming)：决定 Unity 材质的命名方式。
- 材质搜索(Material Search)：决定 Unity 如何根据"Material Naming"选项，搜索定位相应的材质。

(7) 模型资源导入完成，将 Project 视图中的模型文件拖入 Scene 场景视图中，并按键盘"F"键让模型居中，可以观看模型在 Unity 中的效果，如图 3-11 所示。

**图 3-11　场景视图中的模型**

## 3.2　图片资源的导入

### 1. Unity 所支持的图片格式以及尺寸要求

在 Unity 开发游戏的工程中，图片纹理是非常重要的资源。无论是模型材质用到的贴图还是 GUI 纹理都要用到图片资源。Unity 所支持的图片格式有：TIFF、PSD、TGA、JPG、PNG、GIF、BMP、IFF、PICT、DDS 等。

需要特别指出的是：Unity 支持含多个图层的 PSD 格式的图片。PSD 格式图片中的图层在导入 Unity 之后将会自动合并显示，但该操作并不会破坏 PSD 源文件的结构。

Unity 对图片尺寸的要求：

(1) 为了优化运行效率，几乎在所有的游戏引擎中，图片的像素尺寸都建议是 2 的 $n$ 次幂，例如 32、64、128、256、1 024 等以此类推(最大像素尺寸小于等于 4 096)，图片的长、宽则不需要一致。例如512 * 1 024、256 * 64 等都是合理的。

(2) Unity 也支持非 2 的次幂尺寸图片。Unity 会将其转化为一个非压缩的 RGBA 32 位格式，但是这样会降低加载速度，并增大游戏发布包的文件大小。

(3) 非 2 的次幂尺寸图片可以在导入设置中使用 NonPower2 Sizes Up 将其调整到 2 的次幂尺寸。这样该图片同其他 2 的次幂尺寸图片就没有什么区别了，同时要注意的是，这种方法可能会因改变图片的比例而导致图片质量下降，所以建议在制作图片资源时就按照 2 的次幂尺寸规格来制作，除非此图片是计划用于 GUI 纹理。

### 2. 图片资源类型的设定

图片纹理作为资源,其用途主要是应用于模型网格纹理、UI界面、粒子等对象上。在 Unity 中,根据图片资源的不同用途,需要设定图片的类型,例如作为普通纹理、法线贴图、GUI 图片、反射贴图、光照贴图等不同类型用途的图片应设定相应的格式来达到最佳的效果。对于项目开发而言,正确地设置图片的类型是非常重要的,纹理资源根据作用对象的不同,可选择纹理(Texture)、法线贴图(Normal map)、图形用户界面(GUI)、图标文件(Cursor)、反射(Reflection)、作用于光源的 Cookie(Cookie)、光照贴图(Lightmap)、高级(Advanced)等 8 种类型,下面将依次介绍这 8 种类型。

(1) 纹理(Texture)。这种类型可以理解为是适用于所有类型纹理的最常用,如图 3-12 所示。

(2) 法线贴图类型(Normal map)。选择此类型,可将图像颜色通道变成一个适合于法线映射的格式,如图 3-13 所示。

图 3-12 Texture 纹理格式

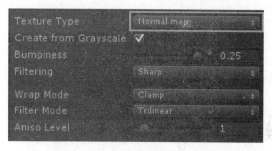

图 3-13 Normal map 纹理格式

(3) 图形用户界面类型(GUI)。选择此类型,纹理适用于 HUD/GUI 所用的纹理格式。需要注意的是如果纹理的大小非 2 的 $n$ 次幂,且纹理的类型被设定为 GUI,Unity 会将该纹理强制转换为 Truecolor 格式,如图 3-14 所示。

(4) 精灵(Sprite)。此类型用于 2D 及 uGUI。如图 3-15 所示。

图 3-14 GUI 纹理格式

图 3-15 Sprite 纹理格式

(5) 图标文件(Cursor)。选择此类型,纹理适用于光标所用的纹理格式,如图 3-16 所示。

(6) 反射(Reflection)。选择此类型,类似 Cube Maps(立方体贴图),此类型纹理适用于反射所用的纹理格式文件,如图 3-17 所示。

图 3-16 Cursor 纹理格式

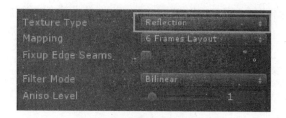

图 3-17 Reflection 纹理格式

(7) 作用于光源的 Cookie(Cookie)。选择此类型,纹理适用于灯光对象的 Cookie,如图 3-18

所示。

（8）光照贴图（Lightmap）：选择此类型，可将图像设定为适用于光照贴图的格式，如图3-19所示。

图3-18　Cookie 纹理格式

图3-19　Lightmap 纹理格式

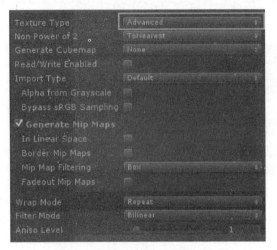

图3-20　Advanced 纹理高级设置

（9）高级（Advanced）：选择此类型，可对纹理进行高级设置，如图3-20所示。

① 图片尺寸非2的 n 次幂（Non Power of 2）。该项在导入并选择了非2的次幂尺寸图像的情况下才可用。该项的主要作用是将图像尺寸缩放到2的次幂。

② 生成立方体贴图（Generate Cube Map）。只有 Non Power of 2 项中选择了除 None 以外的类型时才可用。使用不同的方式将图像生成一个立方体贴图。

③ 读/写启用（Read/Write Enabled）。选择该项将允许从脚本（GetPixels，SetPixels 和其他 Texture2D 函数）访问纹理数据。同时会产生一个纹理副本，故而会消耗双倍的内存，建议谨慎使用。

④ 导入类型（Import Type）。该项用来指定导入图像的类型，可理解为用于指定图像在导入前计划的应用类型。例如图像在三维软件烘焙出来的法线贴图、光照贴图等，在导入之前就知道这类图片的用途，导入后需要根据图像的用途指定相应的类型。

⑤ 生成 Mip Maps（Generate Mip Maps）。选择该项将生成 Mipmap。例如当纹理在屏幕上非常小的时候，Mipmaps 会自动调用该纹理较小的分级。

⑥ 循环模式（Wrap Mode）。选择纹理在铺设时的行为方式，若选择 Repeat 可将纹理贴图重复铺设；若选择 Clamp，则对纹理边缘进行拉伸。

⑦ 过滤模式（Filter）。选择纹理经三维变幻拉伸时的过滤方式。

⑧ 各项异性等级（Aniso Level）。在一个陡峭的角度观看纹理时提高纹理的质量，适用于地板和地面纹理。

### 3. 跨平台图片资源设置

单纯就图片资源来说，在不同的平台硬件环境中使用还是有一定的区别。如果为不同平台手动制作或修改相应尺寸的图片资源，将是非常不方便的。做为一款可跨平台发布游戏的引擎，Unity 为用户提供了专门的解决方案，可以在项目中将同一张图片纹理资源依据不同的平台直接进行相关的设置，效率非常高。

在 Project 视图中的 Assets 文件夹中，单击选中某图片资源后，在 Inspector 视图中可以根据不同的平台进行相应的图片尺寸设置（见图3-21），也就是说，在最终发布时，Unity 会依据设定来调整图片的尺寸。

不同平台的设置方法基本都是相同的，下面以 Default 纹理选项为例介绍一下图片的设置方法，如图3-22所示。

图 3‐21　多平台设置选项　　　　　　　　　　图 3‐22　Default 纹理选项

（1）最大纹理尺寸（Max Size）。可调整所选择的纹理的最大尺寸。值的范围自小至大依次为 32、64、128、256、512、1 024、2 048、4 096。

（2）格式（Format）。该选项用来设置图片的压缩格式，有 3 种格式可供选择（如果 Texture Type 设置为 Advanced，则会有 19 种格式）。

① 压缩纹理（Compressed）。该项为默认选项。是最常用的纹理格式。压缩的格式会根据发布的平台自动选择。

② RGB 彩色（16 bit）。16 位彩色图最多可以有 2 的 16 次方种颜色（低质量的真彩色）。注意，16 bit 格式为非压缩格式，会占用较大磁盘空间。

③ 真彩色（Truecolor）。是最高质量的真彩色，也就是 32 位色彩（256×256 的纹理大小为 256 KB）。注意，Truecolor 格式为非压缩格式，会占用较大磁盘空间。

如果将 Texture Type 设置为 Advanced，纹理的格式如表 3‐3 所示。

表 3‐3　Advanced 纹理类型

| 格　式 | 详　解 |
| --- | --- |
| Automatic Compressed | 压缩的 RGB 纹理，该项为默认选项。常用的漫反射纹理格式 4 位/像素（32 KB 256×256） |
| RGB Compressed DXT1 | 压缩的 RGB 纹理。常用的漫反射纹理格式。4 位/像素（32 KB 256×256） |
| RGBA Compressed DXT5 | 压缩的 RGBA 纹理。是漫反射和高光控制纹理的主要格式。1 字节/像素（64 KB 256×256） |
| RGB Compressed ETC 4 bits | 压缩的 RGB 纹理。是 Android 工程默认的纹理格式。不支持 Alpha。4 位/像素（32 KB256×256） |
| RGB Compressed PVRTC 2 bits | 压缩的 RGB 纹理。支持 Imagination PowerVR GPU。2 位/像素（16 KB 256×256） |
| RGBA Compressed PVRTC 2 bits | 压缩的 RGBA 纹理。支持 Imagination PowerVR GPU。2 位/像素（16 KB 256×256） |
| RGB Compressed PVRTC 4 bits | 压缩的 RGB 纹理。支持 Imagination PowerVR GPU。4 位/像素（32 KB 256×256） |
| RGBA Compressed PVRTC 4 bits | 压缩的 RGBA 纹理。支持 Imagination PowerVR GPU。4 位/像素（32 KB 256×256） |
| RGB Compressed ATC 4 bits | 压缩的 RGB 纹理。支持 Qualcomm Snapdragon。4 位/像素（32 KB 256×256） |
| RGBA Compressed ATC 8 bits | 压缩的 RGB 纹理。支持 Qualcomm Snapdragon。8 位/像素（64 KB 256×256） |
| Automatic 16 bits | RGB 彩色，16 位彩色图最多可以有 2 的 16 次方种颜色。（低质量的真彩色） |
| RGB 16 bit | 65 万颜色不带 alpha。比压缩的格式使用更多的内存，适用于 UI 纹理。（128 KB 256×256） |

续　表

| 格　式 | 详　解 |
|---|---|
| RGBA 16 bit | 低质量真彩色。具有 16 级的红、绿、蓝和 alpha 通道。(128 KB 256×256) |
| Automatic Truecolor | 真彩色,是最高质量的真彩色,也就是 32 位色彩(256×256 的纹理大小为 256 KB)。 |
| RGB 24 bit | 真彩色不带 alpha。(192 KB 256×256) |
| Alpha 8 bit | 高质量 alpha 通道,不带颜色。(64 KB 256×256) |
| RGBA 32 bit | 真彩色带 alpha 通道。(256 KB 256×256) |

## 3.3　音频、视频的导入

### 1. 音频资源的导入

音频资源导入 Unity 中非常简单,与图片资源的导入方法是相同的。可以直接将 Unity 支持音频格式文件拖动到 Project 视图中,如图 3-23 所示。

图 3-23　将音频文件导入 Unity 中

单击选中该音频资源,在 Inspector 视图中可以看到该音频资源的相关属性,如图 3-24 所示。

Audio Clip Inspector 参数如下:

(1) 音频格式(Audio Format)。该项用于指定在运行时音频的格式。有 2 种类型可供选择:

① 原生格式(Native)。此类型的文件尺寸较大,音质无损。适用于音轨较短的音频。一般用于游戏音效。

② 压缩的格式(Compressed)。此类型的文件尺寸较小,音质略有损失。适用于音轨较长的音频。一般用于游戏背景音乐或解说词等较长的音频。

(2) 3D 音效(3D Sound)。选择该项,音频将在3D 空间中播放。并且支持单声道和立体声。

(3) 强制单声道(Force to mono)。选择该项,所编辑的音频剪辑将混合为单通道声音。

(4) 加载类型(Load type)。该项用于选择运行时加载音频的类型。有三种方式可供选择:

① 加载时解压缩(Decompress on load)。该类型加载后解压缩声音。以避免运行时解压缩的性能开销。要注意加载时解压缩声音将使用比在它们在内存中压缩的多 10 倍或更多内存,因此适用于较小的压缩声音。

② 加载到内存中(load into memory)。该类型保持音频在内存中是压缩的,并在播放时解压缩。这有轻微的性能开销(尤其是 OGG/Vorbis 格式的压缩文件),适用于音轨较短的音频。

③ 从磁盘中载入音频流(Stream from disc)。该类型直接从磁盘流音频数据。这只使用了原始声音占内存大小的很小一部分,适用于音轨较长的音频。

(5) 硬件解码(Hardware decoding)。该项仅在发布到 iOS 设备的情况下可用,选择该项会使用苹果的硬件解码来减少 CPU 的解压缩运算量。

(6) 无缝循环(Gapless looping)。该项仅在发布到 Android/iOS 设备的情况下可用,选择该项可处理该音频播放时循环点声音不正常的问题。

（7）Revert：单击此按钮取消设定。

（8）Apply：单击此按钮应用设定。

（9）预演视图（Preview）。该视图含 3 个控制按钮。

### 2. 视频资源的导入

视频资源导入 Unity 的方法同其他资源的导入方法也是相似的。可以直接将 Unity 支持的视频格式文件拖动到 Project 视图中。

将视频资源导入后该视频资源将作为 Movie Texture 出现在 Project 视图中。如果导入的视频资源含有音轨的话，音轨也将被一同导入，该音轨将作为该 Movie Texture 的子物体出现，如图3-25 所示。

单击选中该视频资源，在 Inspector 视图中可以看到该音频资源的相关属性。该面板属性相关参数如下：

（1）通过 sRGB 采样(Bypass sRGB Sampling)。使用精确颜色值而非补偿值来对其进行校正。

（2）质量(Quality)。该项靠数值来控制质量的级别，值的范围是 0～1，也可以直接拖动滑块进行调整。

（3）Revert：单击此按钮取消设定。

（4）Apply：单击此按钮应用设定。

（5）预演面板(Preview)。该面板含 ▶ 按钮，单击将播放所选中的 Movie Texture，再次单击停止播放。

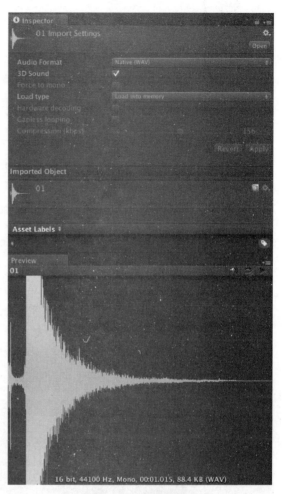

图 3-24　音频属性

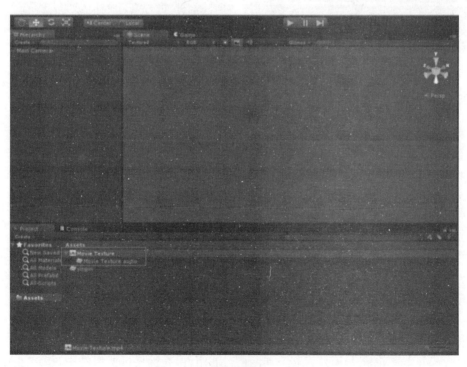

图 3-25　视频资源导入 Unity 中

## 3.4　组件

### 1. 组件的含义及其作用

Component(组件)在 Unity 的游戏开发工作中是非常重要的,可以说是所有游戏对象实现功能所必需的。组件就是所有游戏对象实现其用途的功能件。

需要特别指出的是:在 Unity 中,即使创建一个空游戏对象,其也会带有几何变换组件,如图 3-26 所示。变换组件是最重要、最基本的组件,因为游戏对象的变换属性都是由这个组件来实现的。在场景视图中,它定义了游戏对象的位置、旋转和缩放。如果一个游戏对象没有变换组件,那就无法存在于场景中。

无论是模型网格、GUI、灯光还是摄像机等,所有的游戏对象在本质上都是一个空对象挂载了不同类别的组件,从而拥有不同的功能。不同的组件拥有不同的功能,例如同样一个空对象,添加了摄像机组件,那么它就是一架摄像机;如果添加了网格过滤(Mesh Filter)组件,那么它就是一个模型;添加了光源组件,它就是一盏灯光。特别说明,脚本在 Unity 中也是一种组件。

可以简单地理解为,在选中任何一个游戏对象的情况下,检视视图中显示的所有内容,都是组件,如图 3-27 所示。

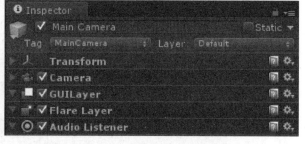

图 3-26　变换组件　　　　　　　　　　图 3-27　游戏对象上的组件

### 2. 如何添加组件

给游戏对象添加组件有两种操作方式,如图 3-28 所示。一种是打开菜单栏中的"Component"选项,从而选择想要添加的组件;另一种是在检视视图中单击"Add Component(添加组件)"按钮(快捷键 Ctrl+Shift+A),在弹出的下拉列表中选择想要添加的组件。

下面的实例是通过添加组件来构建一个游戏模型,打开配套光盘中本章节项目工程\Chapter03\V10Power,并打开 Assets\Scenes\Component 场景。

首先需要分析一下构建模型所需要的组件,选中场景中的汽车对象,并展开其子对象,选择 Body,可以分析出该游戏对象除变换组件外带有 2 个组件：Mesh Filter(网格过滤)、Mesh Renderer(网格渲染),如图 3-29 所示。

Mesh Filter(网格过滤)以及 Mesh Renderer(网格渲染)一般会配合使用。Mesh Filter 是为游戏对象加载网格,Mesh Renderer 则是将网格渲染出来。

通过菜单"GameObject→Create Empty"在场景中创建一个空游戏对象,选中空游戏对象,通过菜单"Component→Mesh→Mesh Filter"为其添加网格过滤组件,在网格过滤组件中,指定名为 Body 的网格资源,如图 3-30 所示。

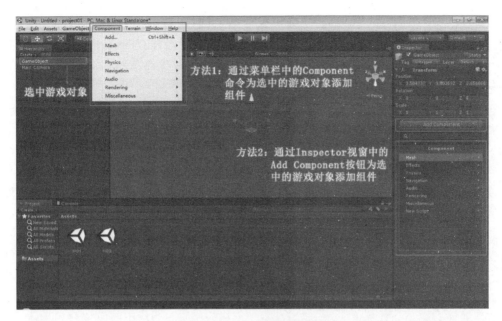

图 3 - 28 添加组件的方法

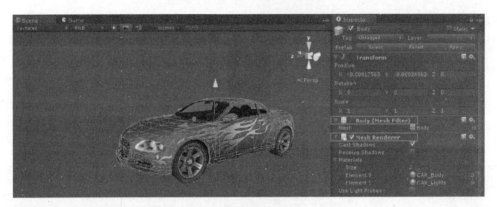

图 3 - 29 汽车模型所附带的组件

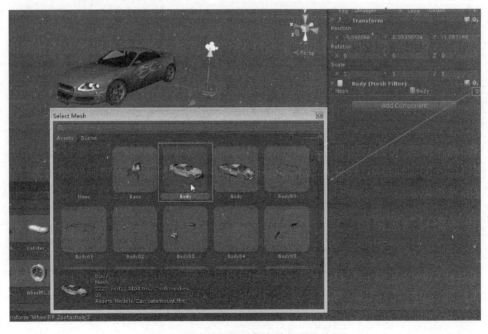

图 3 - 30 在网格组件中选择网格资源

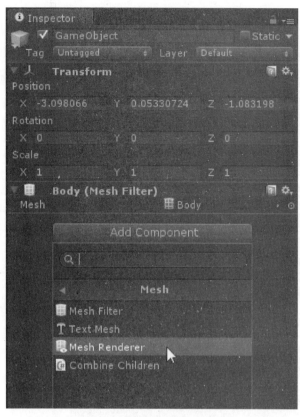

图 3-31 添加渲染组件

此时场景中并没有任何效果,那是因为虽然游戏对象已经拥有网格,但是并没有被渲染,所以还要为该游戏对象继续添加网格渲染组件,如图 3-31 所示。

当网格渲染组件被添加后,场景会显示出该游戏对象所加载的网格模型。由于网格渲染组件中的材质并未指定,所以现在模型看起来是纯色的。根据前面学过的知识,可以新建一个材质资源,将用来赋给网格渲染组件使用。

在工程视图中单击"Create→Material"新建一个材质资源,将其命名为自定义材质,新建完毕之后,为其指定纹理贴图"CAR_body",选择之前新建的游戏对象,在网格渲染组件中,为其指定刚才创建的材质。场景中的游戏对象即表现出了预期的效果,如图 3-32 所示。

根据车身的创建方法,继续创建空的游戏对象,利用网格过滤以及网格渲染组件制作出汽车的玻璃、内饰以及轮胎,最终在层级视图中为车身、玻璃、内饰以及轮胎指定父子层级关系,利用组件将空游戏对象生成汽车的工作就完成了,最终效果如图 3-33 所示。

图 3-32 指 定 材 质

图 3-33 最 终 效 果 图

## 3.5 创建 Prefab

### 1. Prefab 的概念

Prefab 意为预设体,可以理解为是一个游戏对象及其组件的集合,目的是使游戏对象及资源能够被重复使用。在 Unity 中,预设体作为一种资源存在。相同的游戏对象可以通过一个预设体来创建,此过程可理解为实例化。在项目工程视图中以蓝色立方体图标显示(见图 3-34),空的预设体是白色立方体图标。当用预设体生成游戏对象实例的时候,该游戏对象在层次视图中也会以蓝色字体显示,如图 3-35 所示。

图 3-34 预设体

图 3-35 通过预设体生成的游戏对象实例

### 2. Prefab 的创建以及相关操作说明

预设体可以通过两种方式创建:

（1）先创建一个空的预设体，再将场景中编辑好的游戏对象拖动到空预设体上，即完成了预设体的创建，如图 3-36、图 3-37 所示。

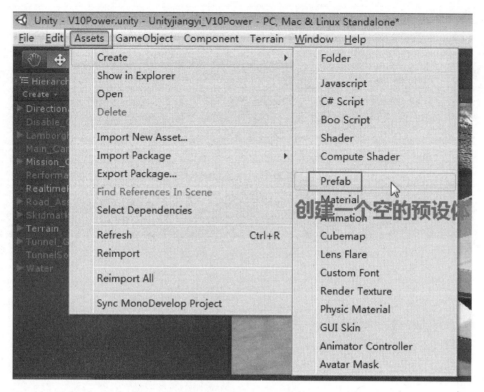

图 3-36    创建一个空预设体

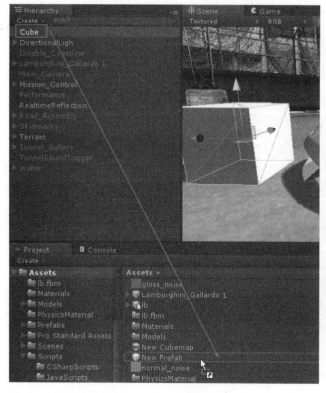

图 3-37    指定预设体

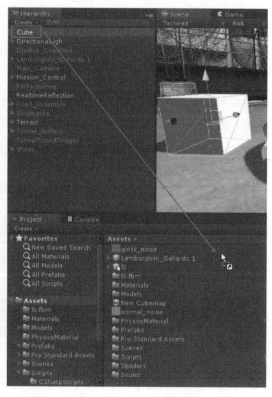

图 3-38    拖拽创建预设体

（2）这种方式更为简便，那就是直接将游戏对象拖拽到项目工程视图中的 Assets 文件夹中即可，如图 3 - 38 所示。

存储在项目文件中（在 Project 视图中）的状态时，预设体作为一个资源，可应用在一个项目中的不同场景/关卡中。当拖动预设体到场景中（在 Inspector 视图中出现），就创建了一个实例。该实例与其原始预设体是关联的。对预设体进行更改，实例也将同步修改。这样操作，除了可以提高资源的利用率，还可以提高开发的效率。

可重复使用、运行时可实例化、节省资源、提高效率、可通过脚本生成、销毁是预设体的特点。

由于对预设体生成的实例对象会影响到预设体，如果想对实例对象进行单独调节的话，可以通过菜单栏中的"GameObject"项中的"Break Prefab Instance"子项进行打断关联的操作（见图 3 - 39），这样，在对实例对象进行设置时，就不会影响到预设体了。

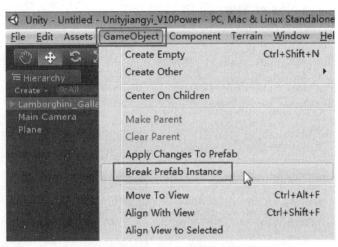

图 3 - 39 打断预设体关联

如果打断预设体与其生成的实例对象的关联后，还想恢复关联关系，也很简单，选中实例对象，单击检视视图的"Prefab"功能标签中的"Revert"按钮即可，如图 3 - 40、图 3 - 41 所示。

图 3 - 40 打断关联的预设体

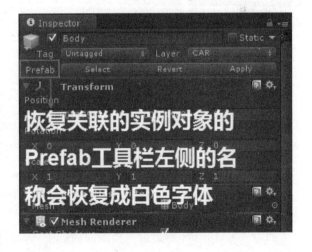

图 3 - 41 恢复关联的预设体

## 3.6　Unity Asset Store 资源商店

### 1. Asset Store 简介

Asset Store 是 Unity 的资源商店,上面存放了很多 Unity Technologies 和 Unity 开发者创建的免费和商用资源,如图 3-42 所示。Asset Store 提供有各种各样的资源,从纹理、模型和动画到完整的工程实例、教程和编辑器插件扩展一应俱全。开发者可通过 Unity 官方网站或 Unity 编辑器中内置的简单浏览器访问和下载资源,并将其直接导入工程。

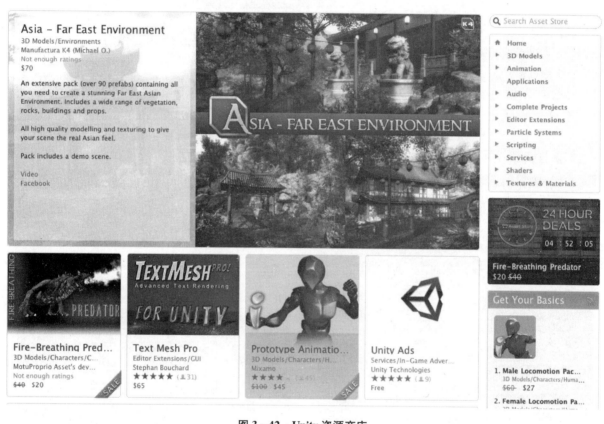

图 3-42　Unity 资源商店

### 2. Asset Store 的使用方法

Asset Store 可以通过 Unity 官方网站链接 https://www.assetstore.unity3d.com 访问,也可以通过 Unity 编辑器菜单"Window→Asset Store"打开,如图 3-43 所示。

打开 Asset Store 后会进入资源商店的主页,通过分类找到所需的模型(卡通角色模型),如图 3-44 所示。

找到 Unity 资源 Unity chan(见图 3-45)并单击。

由于 Unity chan 是 Unity 官方提供的免费资源,所以可以直接下载,选择"DownLoad"选项下载,如图 3-46 所示。

下载完成后通过单击"Import"按钮,可以将下载的资源直接导入工程,如图 3-47 所示。

以上简单介绍了 Asset Store 视图的基本应用。对于用户而言,借用优质素材、项目示例工程,扩展插件等资源,将大幅度减少制作一个游戏的时间、成本。

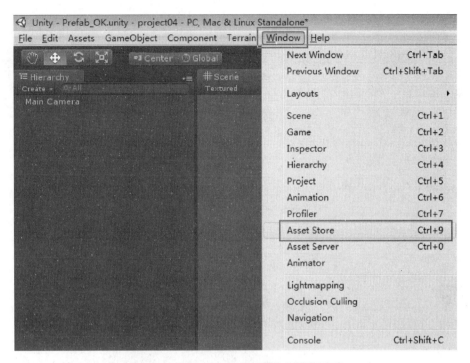

图 3 - 43　通过 Unity 编辑器打开资源商店

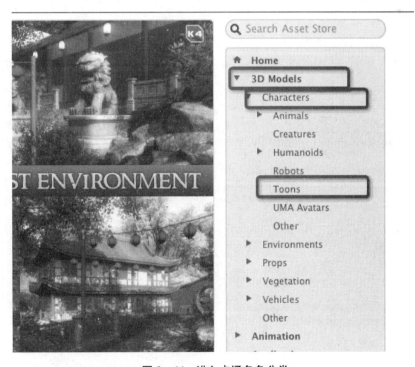

图 3 - 44　进入卡通角色分类

## 3D Models/Characters/Toons

GIANT Cartoon Her...
Redhead Robot
★★★★★ (👤5)
$35

Cartoon Survival Pack
Redhead Robot
Not enough ratings
$30

Blade NPC Chibi Pack
CrossRoad_kimys2848
$80

Elf Warrior Princess ...
BRAiNBOX
Not enough ratings
$20

SORT BY **POPULARITY** / NAME / PRICE / RATING / RELEASE DATE　　Show All

1 2 3 4 5 6 7 8 9 10　1 – 36 of 326

"Unity-chan!" model
unity-chan!
★★★★★ (👤330)
Free

"Query-Chan" model
Pocket Queries, Inc.
★★★★★ (👤3)
Free

Cartoon Zombie [free]
M.eye
★★★★☆ (👤19)
Free

Taichi Character Pack
Game Asset Studio
★★★★☆ (👤119)
Free

Anime Chibi – School ...
Bee Box
★★★★☆ (👤9)
Free

Toon Character Pack
Unluck Software
★★★★★ (👤107)
$20

Hero Boy
Bunt Games
★★★★★ (👤34)
Free

Toon Elf character –lo...
Snowball Entertainment
★★★★★ (👤20)
Free

Low Poly Cartoon Mon...
motionflow
Not enough ratings
$90

图 3 - 45　选择 Unity chan

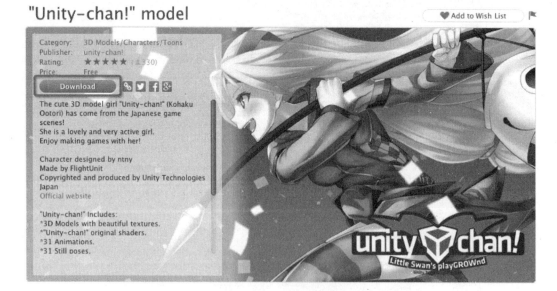

## "Unity-chan!" model

♥ Add to Wish List ⚑

Category:　3D Models/Characters/Toons
Publisher:　unity-chan!
Rating:　★★★★★ (👤330)
Price:　　Free

Download

The cute 3D model girl "Unity-chan!" (Kohaku Ootori) has come from the Japanese game scenes!
She is a lovely and very active girl.
Enjoy making games with her!

Character designed by ntny
Made by FlightUnit
Copyrighted and produced by Unity Technologies Japan
Official website

"Unity-chan!" Includes:
*3D Models with beautiful textures.
*"Unity-chan!" original shaders.
*31 Animations.
*31 Still poses.

unity chan!
Little Swan's playGROWnd

图 3 - 46　选 择 下 载

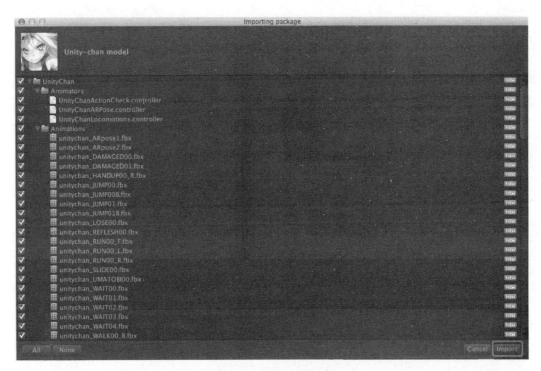

图 3 - 47 导 入 资 源

# 第 4 章
# 创建基本游戏场景

## 4.1　创建工程和游戏场景

　　一款完整的游戏就是一个 Project(项目工程)，游戏中不同的关卡/场景对应的是项目工程下面的 Scene(场景)。一款游戏产品可以包含若干个关卡/场景，因此一个项目工程下面可以保存多个 Scene。

　　下面将讲解如何创建项目工程以及 Scene(场景)。

　　启动 Unity 应用程序后，首先打开菜单栏中的"File→New Project"选项，在弹出的对话框中指定目标文件夹(此文件夹名称以及所在路径不要含中文字符)，然后单击"Create"按钮新建项目，如图 4－1 所示。

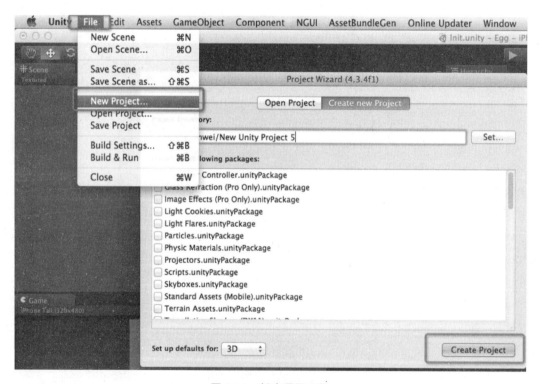

图 4－1　新建项目工程

　　Unity 会自动创建一个空项目工程，其中自带一个名为 Main Camera 的摄像机对象，打开菜单栏中的"File→New Scene"，或者按"Ctrl＋N"快捷键，可以新建一个场景，由于 Unity 在新建项目工程时已经默认建立了一个场景，故这一步骤在此情况下也可以省略掉。

　　打开菜单栏中的"File→Save Scene"选项，或者按"Ctrl＋S"快捷键，将场景保存。首次保存需要为场景命名，如图 4－2 所示。

关于项目的打开、场景的另存为等操作过程也大致如此,此处不一一赘述。

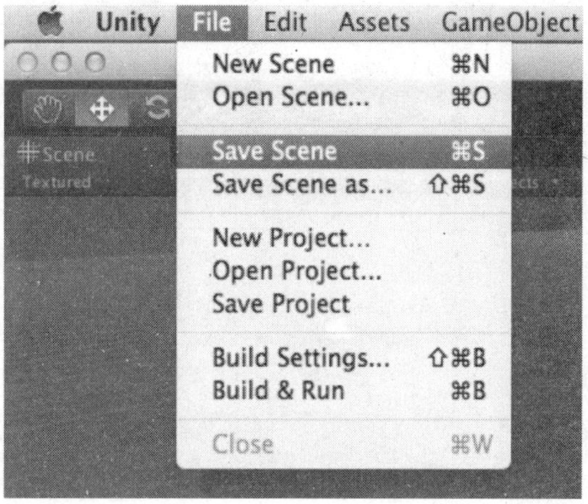

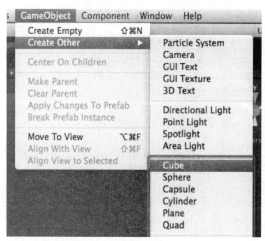

图 4-2　保 存 场 景

## 4.2　创建基本几何体

本节将介绍如何在 Unity 中创建和添加基本几何体。

### 1. 基本几何体简介

使用上一节创建项目工程中的场景文件,依次选择菜单栏中的"GameObject→Create Other"选项,可以看到 Unity 中可以创建的几种基本几何体。如图 4-3 所示。

Unity 可以不借助外部软件而创建一些基本的几何体,如 Cube(正方体)、Sphere(球体)、Capsule(胶囊体)、Cylinder(圆柱体)、Plane(平面)、Quad(四点平面)。

下面简单介绍 Unity 4.5.2 中可直接建立的 6 种基本几何体:

(1) 正方体(Cube)。创建时默认的长宽高都是 1 个单位(米)。

(2) 球体(Sphere)。创建时默认的直径是 1 个单位(米)。

(3) 胶囊体(Capsule)。创建时默认的高度是 2 个单位(米),中心处直径是 1 个单位(米)。

(4) 圆柱体(Cylinder)。创建时默认的高度是 2 个单位(米),中心处直径是 1 个单位(米)。

图 4-3　基本几何体

(5) 平面(Plane)。创建时默认的长宽都是 10 个单位(米)。

(6) 四点平面(Quad)。创建时默认的直径是 1 个单位(米)。

### 2. 创建基本几何体

使用菜单栏中创建基本几何体的命令"GameObject→Create Other"选项,来创建几个基本的几何体,如图 4-4 所示。

创建完成后可以利用 Toolbar(工具栏)中的 ✛ 移动、⟳ 旋转、▨ 缩放等命令对所创建的基本几何体进行编辑。

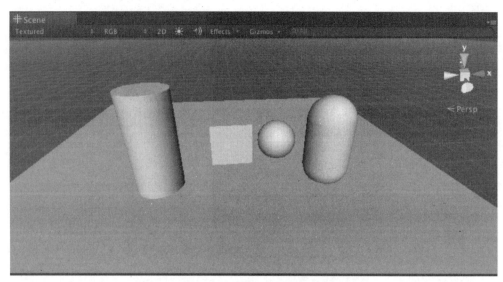

**图 4-4　创建的基本几何体**

## 4.3　创建光源

光源是每一个场景的重要组成部分。网格模型和材质纹理决定了场景的形状和质感,光源则决定了场景环境的明暗、色彩和氛围。每个场景中可以使用一个以上的光源,合理地使用光源可以创造完美的视觉效果。

创建光源的方式同创建其他游戏对象相似,选择菜单栏中的"GameObject→Create Other"选项(见图 4-5),选择要创建的光源,或者在Hierarchy(层级)视图中单击"Create"按钮,选择要创建的光源。

### 1. Unity 的光源类型

Unity 提供了四种类型的光源,在合理设置的基础上可以模拟自然界中任何的光源。

(1) 方向光源(Directional light)。该类型光源可以被放置在无穷远的位置,可以影响场景的一切游戏对象,类似于自然界中日光的照明效果。方向光源是最不耗费图形处理器资源的光源类型。

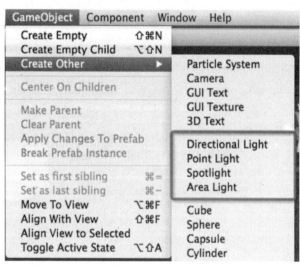

**图 4-5　创建光源**

(2) 点光源(Point light)。点光源从一个位置向四面八方发出光线,影响其范围内的所有对象,类似灯泡的照明效果。点光源的阴影是较耗费图像处理器资源的光源类型。

(3) 聚光灯(Spot light)。灯光从一点发出,在一个方向按照一个锥形的范围照射,处于锥形区域内的对象会受到光线照射,类似射灯的照明效果。聚光灯是较耗费图形处理器资源的光源类型。

(4) 区域光/面光源(Area Light)。该类型光源无法应用于实时光照,仅适用于光照贴图烘焙。

### 2. 光源属性讲解

虽然 Unity 中有 4 种光源,但是 4 种光源的大体参数都是十分接近的。

（1）类型（Type）。单击 Type 按钮，可以选择光源的类型。

（2）范围（Range）。用于控制光线从光源对象的中心发射的距离，只有点光源和聚光灯有该参数。

（3）聚光灯角度（Spot Angle）。用于控制光源的锥形范围，只有聚光灯有该参数。

（4）颜色（Color）。用于调节光源的颜色。

（5）强度（Intensity）。用于控制光源的强度，聚光灯以及点光源的默认值是1，方向光默认值是0.5。

（6）Cookie。用于为光源指定拥有 alpha 通道的纹理，使光线在不同的地方有不同的亮度。如果光源是聚光灯或方向光，可以指定一个 2D 纹理。如果光源是一个点光源，必须指定一个 Cubemap（立方体纹理）。

（7）Cookie Size。该项用于控制缩放 Cookie 投影。只有方向光有该参数。

（8）阴影类型（Shadow Type）。（该功能只有 Pro 版本才支持）为光源选择阴影类型。可以选择 No Shadows（关闭阴影）、Hard Shadows（硬阴影）以及 Soft Shadows（软阴影）。需要特别指出的是：软阴影会消耗更多的系统资源。一般默认设置下，只有 Directional light 光源才可以开启阴影，Point light、Spot light 光源开启阴影的话会弹出如图 4-6 所示的提示，只有 Directional light 光源在 Forward 模式下才可以启用阴影。

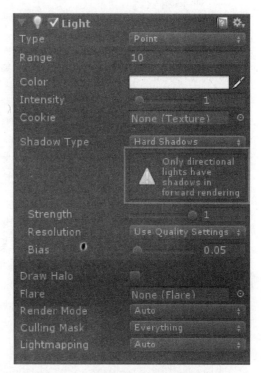

图 4-6　**Point light、Spot light 光源开启**
阴影弹出的提示

如果希望开启 Point light、Spot light 类型光源的阴影，可以选择菜单栏中的"Edit→Project Setings→Player"选项，在 Inspector 视图中的 Per-Platform Settings 项下面的 Other Settings 栏中，单击"Rendering Path"项右侧的按钮，在弹出的列表框中选择"Deferred Lighting"选项，如图 4-7 所示。

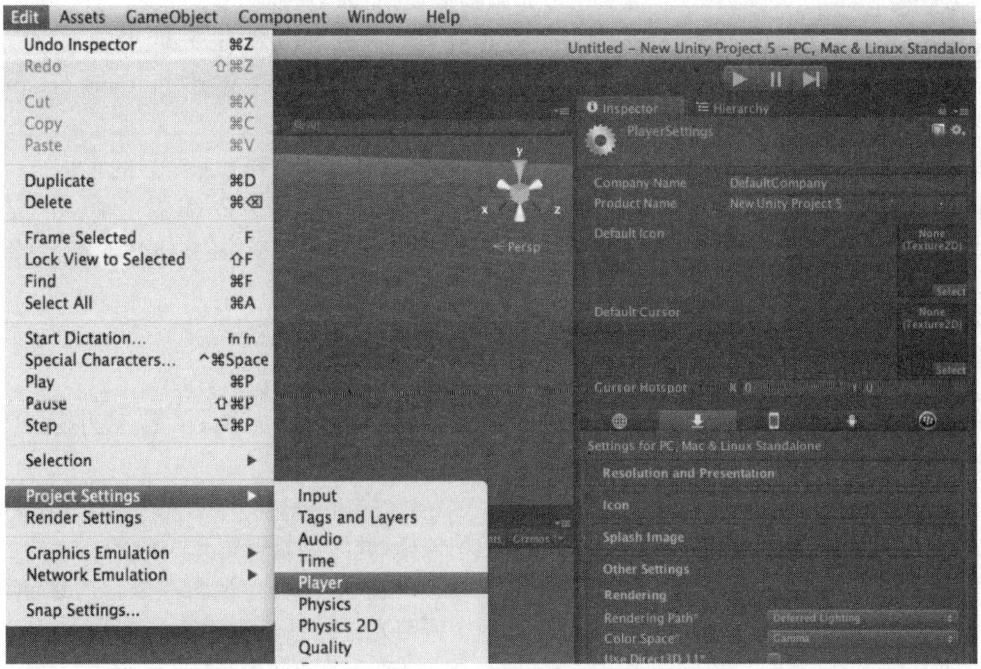

图 4-7　渲染通道的设置

可以通过表 4-1 比较三种不同渲染路径的特点。

表 4-1　三种不同渲染路径的特点

| 渲 染 路 径 | 特　　　点 |
| --- | --- |
| Vertex Lit 顶点光照 | 顶点光照。光照效果最差,不支持阴影,一般用于配置较差的机器或受限的移动终端平台 |
| Forward 正向渲染 | 正向着色。能够很好地支持光源照射效果,但不支持 Point light、Spot light 类型光源的阴影 |
| Deferred Lighting 延迟光照 | 支持最佳的光照效果以及所有类型光源投射的阴影,但需要一定程度的硬件支持。只有 Pro 版支持该模式 |

(9) 强度(Strength)。用于控制光源所投射阴影的强度,取值范围是 0~1,值为 0 时阴影完全消失,值为 1 时阴影呈黑色。

(10) 分辨率(Resolution)。用于控制阴影分辨率的质量。有 5 项可供选择,由上至下分别代表: 使用质量设置、低质量、中等质量、高质量、更高质量。

(11) 偏移(Bias)。用于设置灯光空间的像素位置与阴影贴图的值比较的偏移量。取值范围是 0~2。当值过小,游戏对象表面会产生 self-shadow,就是物体的表面会有来自自身阴影的错误显示;当值过大,阴影就会较大程度地偏离投影的游戏对象。

(12) 柔化(Softness)。用于控制阴影模糊采样区的偏移量。只有方向光投影类型为软阴影的情况下该项才会启用。

(13) 柔化淡出(Softness Fade)。用于控制阴影根据与摄像机的距离进行淡出的程度。只有方向光投影类型为软阴影的情况下该项才会启用。

(14) 绘制光晕(Draw Halo)。如果勾选该项,光源会开启光晕效果。

(15) 耀斑/眩光(Flare)。用于为光源指定耀斑/镜头光晕的效果。

(16) 渲染模式(Render Mode)。用于指定光源的渲染模式,有三项可供选择: ① 自动(Auto),根据光源的亮度以及运行时 Quality Settings(质量设置)的设置来确定光源渲染模式。② 重要(Important),光源逐像素进行渲染。一般用非常重要的光源渲染。③ 不重要(Not Important),光源总是以最快的速度进行渲染。

(17) 剔除遮蔽图(Culling Mask)。选中层所关联的游戏对象将受到光源照射的影响。

(18) 光照贴图(Lightmapping)。用于控制光源对光照贴图影响的模式,共有三种: ① 仅实时灯光计算(RealtimeOnly),不参与光照贴图的烘焙计算。② 自动(Auto)。③ BakedOnly,仅作用于光照贴图的烘焙,不进行实时灯光计算。

### 3. 光源场景案例

(1) 启动 Unity 应用程序,打开配套光盘中的\chapter04\Bootcamp 项目工程,打开 BootcampBasic 场景。场景中已经创建了地形、植被、配景等游戏对象,如图 4-8 所示。

(2) 依次打开菜单栏中的“GameObject→Create Other→Directional light”选项,为场景添加一个方向光。此时 Unity 会自动开启 ▨ 按钮以启用光源照明效果,此时场景便明亮了许多。

(3) 默认创建的方向光一般用于模拟日光的照明效果,在 Inspector 视图中单击光源对象的 Light 组件中 Color 项右侧的色条,在弹出的“Color”对话框中调节光源的颜色,如图 4-9 所示。

(4) 如果觉得场景过暗,可以通过调节 Intensity(强度)到合适的数值,调节完光源的颜色以及强度之后,整个场景的效果有了部分提升,但还不是很完美。因为在真实的世界中,光线照射在物体上会有

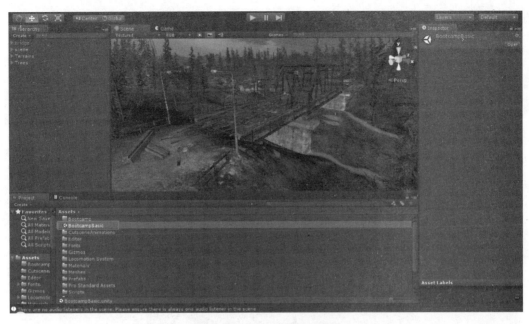

图 4-8　Bootcamp 游戏场景

图 4-9　调节灯光颜色

投影。接下来，需要为光源设置投影，单击 Shadow Type 项右侧按钮（见图 4-10），在弹出的下拉列表框中选择"Hard Shadows（硬阴影）"选项。

（5）默认设置下，只有 Directional light 光源才可以开启阴影，Point light、Spot light 光源开启阴影会弹出如图 4-11 所示的提示。

（6）在真实的自然环境中，物体除了接受阳光的照射影响以外，还会受到大气漫反射光的

图 4-10　选择阴影

影响，在蓝色天空情况下，大气漫反射光会呈现出偏蓝的颜色。所以可以为场景添加辅助光源，依次选择菜单栏中的"GameObject→Create Other→Point light"选项，为场景添加一个点光源，并根据场景的

情况调整点光源的位置、强度、范围、颜色等参数,最终效果如图 4 - 12 所示。

图 4 - 11　PiontLight 默认无阴影

图 4 - 12　灯光最终效果

# 4.4　创建摄像机

在 Unity 场景中最基础的元素是摄像机,它可以将游戏世界呈现给玩家,通过定制和控制摄像机,可以让 Unity 程序运行起来栩栩如生,按照项目需要,场景中可以定义一台或多台摄像机。

## 1. 摄像机模式

Unity 中的摄像机有两种模式,分别是 Perspective(透视)模式和 Orthographic(正交)模式。通过改变摄像机的模式可以方便地指定摄像机的类型。下面是同一台摄像机在相同位置的透视、正交 2 种模式效果,如图 4 – 13 所示。

图 4 – 13　透视摄像机和正交摄像机

### 2. 摄像机参数

在 Unity 中创建摄像机对象时,除了默认的 Transform(几何变换)组件外还会带有 Camera、Flare Layer、GUI Layer、Audio Listener 等四个组件,如图 4 – 14 所示。

Camera:摄像机组件是向玩家显示场景的必要组件。

Flare Layer:耀斑层组件可以作用在摄像机上以产生镜头光晕效果。

GUI Layer:GUI 层组件作用在摄像机上,可以使二维图形用户界面在场景中被渲染出来。

Audio Listener:音频监听器类似麦克风设备。它接收场景输入的音频源,并通过计算机的扬声器播放声音。

下面将对 Camera 组件的参数进行讲解。

(1) 清除标记(Clear Flags)。决定屏幕的哪部分将被清除。一般用于当使用多台摄像机来描绘不同游戏对象的情况,有三种模式可供选择:

① 天空盒(Skybox)。该模式为默认设置。在屏幕中空白的部分将显示当前摄像机的天空盒。如果当前摄像机没有设置天空盒,它会默认使用 Background(背景)色。

② 纯色(Solid Color)。选择该模式后,屏幕上的空白部分将显示当前摄像机的 Background(背景)色。

③ 仅深度(Depth only)。该模式用于游戏对象不希望被裁剪的情况。

④ 不清除(Don't Clear)。该模式不清除任何颜色或深度缓存。其效果是,每帧渲染的结果叠加在下一帧之上。一般与自定义的 Shader(着色器)配合使用。

(2) 背景(Background)。用于设置背景颜色。在镜头中的所有元素渲染完成且没有指定 Skybox(天空盒)的情况下,将设置的颜色应用到屏幕的空白处。

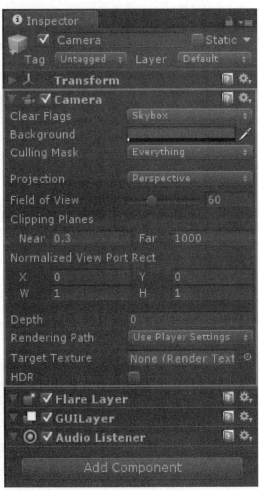

图 4 – 14　摄像机对象组件

(3) 剔除遮罩(Culling Mask)。依据游戏对象所指定的层来控制摄像机所渲染的游戏对象。

(4) 投射方式(Projection)。

① 透视(Perspective)。摄像机将用透视的方式来渲染游戏对象。

② 正交(Orthographic)。摄像机将用无透视的方式渲染游戏对象。

(5) 视野范围(Field of view)(只针对透视模式)。用于控制摄像机的视角宽度,以及纵向的角度尺寸。

(6) 大小(Size)(只针对正交模式)。该项用于控制正交模式摄像机的视口大小。

(7) 剪裁平面(Clipping Planes)。摄像机开始渲染与停止渲染之间的距离。

① 近点(Near)。摄像机开始渲染的最近的点。

② 远点(Far)。摄像机开始渲染的最远的点。

(8) 标准视口矩形(Normalized View Port Rect)。用四个数值来控制该摄像机的视图将绘制在屏幕的位置以及大小,该项使用屏幕坐标系,数值在0~1之间。

① X:摄像机视图进行绘制的水平位置起点。

② Y:摄像机视图进行绘制的垂直位置起点。

③ W:摄像机输出到屏幕上的宽度。

④ H:摄像机输出到屏幕上的高度。

(9) 深度(Depth)。用于控制摄像机的渲染顺序,较大值的摄像机将被渲染在较小值的摄像机之上。

(10) 渲染路径(Rendering Path)。用于指定摄像机的渲染方法。

① Use Player Settings:使用"Project Settings→Player"中的设置,摄像机将使用设置的渲染路径。

② Vertex Lit:摄像机对所有的游戏对象作为顶点光照对象来渲染。

③ Forward:摄像机对所有游戏对象将按每种材质一个通道的方式来渲染,如同在 Unity 2.x中的渲染方式。

④ 延迟光照(Deferred Lighting)。摄像机先对所有游戏对象进行一次无光照渲染,用屏幕空间大小的 Buffer 保存几何体的深度、法线以及高光强度,生成的 Buffer 将用于计算光照,同时生成一张新的光照信息 Buffer。最后所有的游戏对象会被再次渲染,渲染时叠加光照信息 Buffer 的内容(该项只有 Pro 版才支持)。

(11) 目标纹理(Target Texture)。该项用于将摄像机视图输出并渲染到屏幕。一般用于制作导航图或者画中画等效果。(该项只有 Pro 版才能支持)

(12) 高动态光照渲染(HDR)。该项用于启用摄像机的高动态范围渲染功能。因为人眼对低范围的光照强度更为敏感,所以使用高动态范围渲染能够让场景更为真实,光照的变化不会显得太突兀。

### 3. 摄像机案例

依然使用之前的 BootcampBasic 场景,创建一个新的摄像机,为了便于区分现有的摄像机,将其重命名为 Camera01,调整该摄像机的角度、位置,使之与场景现有摄像机的视野明显不同。其他设置暂时保持不变,将该摄像机对象的 Depth(深度)值调整为大于 0 的值。

为了使该摄像机占用屏幕的一部分来实现画中画的效果,接下来对 Camera01 的 Normalized View Port Rect 属性进行编辑,利用该属性的四个数值来控制摄像机的视图将绘制在屏幕的位置以及大小,如图 4 - 15 所示。

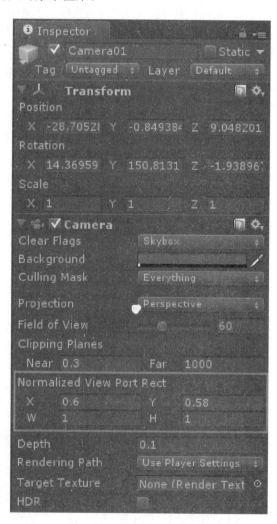

图 4 - 15　**Normalized View Port Rect 属性**

单击 Toolbar(工具栏)中的"游戏预览"按钮,进入游戏预览模式。可以发现,新建的 Camera01 摄像机已经成功地出现在屏幕的右上角,画中画效果基本完成,如图 4-16 所示。利用此方法还可以为游戏制作导航图等其他功能。

图 4-16　最终效果

## 4.5　地形编辑器

### 1. 地形编辑器概述

Unity 拥有功能完善的地形编辑器,支持以笔刷绘制的方式实时雕刻出山脉、峡谷、平原、高地等地形。还提供了实时绘制地表材质纹理、树木种植、大面积草地布置等功能。值得一提的是,Unity 中的地形编辑器支持 LOD(Level of Detail)功能,能够根据摄像机与地形的距离以及地形起伏程度调整地形块(Patch)网格的疏密程度。远处或平坦的地形块使用稀疏的网格,近处或陡峭的地形块使用密集的网格。这将使游戏场景既真实、精细,同时又不影响性能。

地形与其他的游戏对象有些不同,需要注意的是:地形支持 Transform(几何变换)组件中的 Position(位置)变换,但对于 Rotation(旋转)以及 Scale(缩放)操作是无效的。

### 2. 地形的创建方式以及相关参数

启动 Unity 应用程序,新建项目工程。选择菜单栏中的"GameObject→Create Other→Terrain"项,便可创建一个地形,如图 4-17 所示。与创建其他游戏对象不同的是,新创建的地形会在项目工程中同时创建一个地形资源。这样就可以方便地将该地形用于其他的游戏场景中。可以理解为:创建地形对象实际上 Unity 是创建了一个地形资源,场景中出现的地形对象是该地形资源生成的实例。

新建地形后,首先要对地形的分辨率等参数进行设置,选中创建的 Terrain,在 Inspector 视图中单击 ▨▨▨ ╱ ▨ ⚙ 按钮,在 Resolution 属性模块中将地形的长宽都设置为 1 500,高度设置为 300,将细节分辨率设为 256,这样有利于场景优化。

单击 ▨ 按钮,在地形上绘制出山脉的初步效果,这一步骤要从整体角度来把握山脉效果,绘制出山脉的大致起伏,如图 4-18 所示。

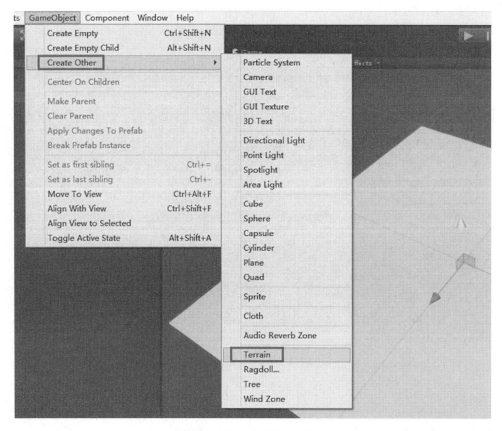

图 4-17　创 建 地 形

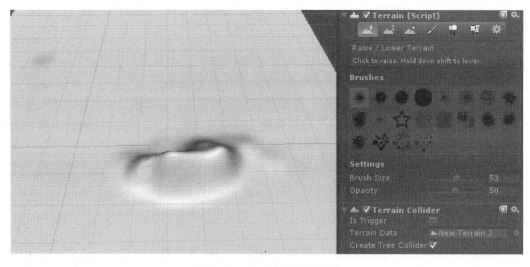

图 4-18　绘制山脉大致起伏

　　绘制完成山脉的基本形态后,接下来在 Brushes 栏中选择笔刷的样式,为山脉增加细节结构,用于模拟山脊的效果,如图 4-19 所示。

　　单击　　按钮来绘制山脉上的部分平坦地面(绘制高地)。按住"Shift"键配合单击/按住鼠标左键可以实时获取笔刷所在地形相应位置的高度,并将该高度设为笔刷的 Height(高度)值,如图 4-20 所示。

　　单击　　按钮,可将上一步骤绘制的平坦地面与山体斜坡的边缘处进行平滑处理,如图 4-21 所示。

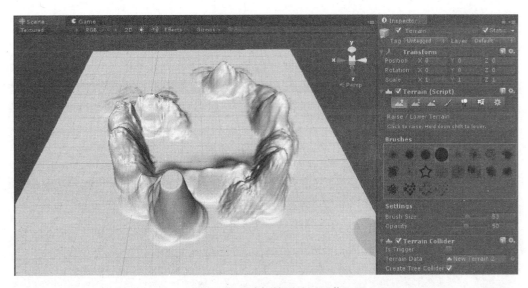

图 4 - 19 选择笔刷绘制细节

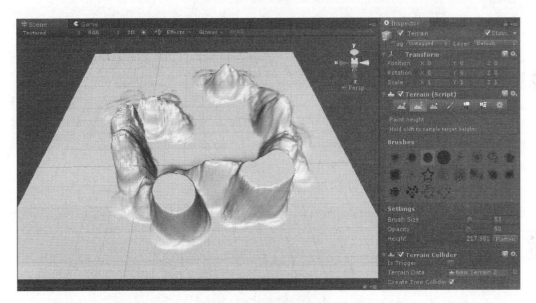

图 4 - 20 设置高度值

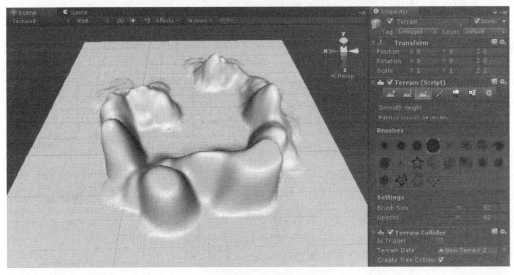

图 4 - 21 设置高度值

重复以上步骤,把握先整体、后细节的原则,将整个地形绘制出来,需要说明的是,在 Unity 中,地形除了可以通过笔刷绘制以外,还可以通过高度图来生成。高度图可以由 Photoshop、Unity 地形编辑器导出,以及其他第三方地形编辑软件甚至来自真实地理数据的高度图等方式获取,由高度图生成的地形会非常自然、真实,相比笔刷绘制的地形要生动很多,在实际的项目开发过程中,一般都是两种方法配合使用。

在高度绘制完毕之后,单击 ✐ 按钮切换到 Paint Textures 模式,单击“Edit Texture ...”按钮,选择“Add Texture ...”项,会弹出“Add Terrain Texture”对话框,单击“Texture”项的“Select”按钮,在弹出的“Select Texture2D”对话框中指定一张纹理作为地形的首层纹理,如图 4 - 22 所示。

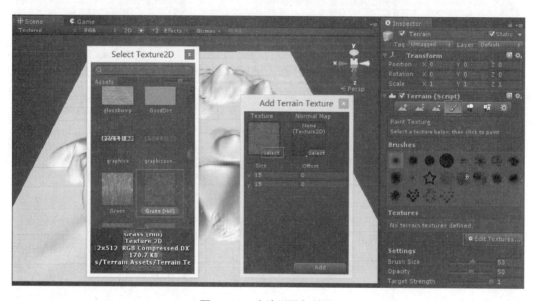

图 4 - 22    为地形添加纹理

指定首层纹理后,Unity 会自动将首层纹理平铺在整个地形上。如果平铺的大小需要编辑的话,可以单击“Edit Texture ...”按钮,选择“Edit Texture ...”项,在弹出的“Edit Terrain Texture”对话框中调节“Size”项的 X、Y 方向的数值即可,如图 4 - 23 所示。

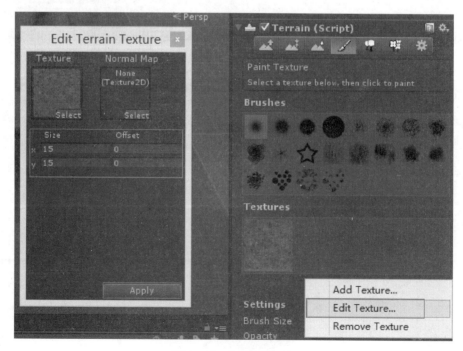

图 4 - 23    编 辑 纹 理

接下来为地形指定沙土纹理用于丰富地形效果,方法同指定首层纹理相同。然后选中新添加的纹理,利用笔刷将该纹理绘制到地形上。添加山石纹理,重复绘制纹理到地形的步骤,将整个地形的纹理绘制完毕,如图4-24所示。

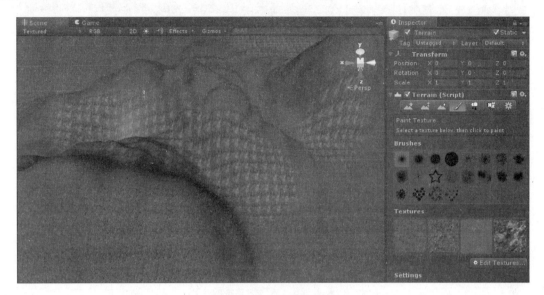

图4-24　复合纹理绘制

如果希望修改已添加纹理的参数,在Textures预览框中选择要编辑的纹理,然后单击"Edit Textures..."按钮,选择"Edit Texture..."项,在弹出的"Edit Terrain Texture"对话框中进行编辑。移除纹理,单击"Edit Textures..."按钮,选择"Remove Texture"项即可。

在地形绘制完成之后,接下来为场景添加树木。Unity的地形编辑器可以支持2种类型的树资源:

(1) 使用Unity自带的树创建器创建的树资源。

(2) 使用第三方的建模软件创建的树木(网格模型)。一般来说,每棵树都是一个模型,由树干以及树叶2个材质组成,建议使用Nature/Soft Occlusion Leaves和Nature/Soft Occlusion Bark着色器。此时,还需要在项目工程中创建一个名为Ambient-Occlusion的文件夹,并将树木网格放置在该文件夹中,这样Unity会计算树的环境光遮蔽。如果不遵循该约定,外部导入的树网格体也许会出现错误结果。

为了游戏的执行效率,平均每棵树多边形的数量应保持在2 000以下。多边形越少越好。而该树木的坐标必须是在树根的位置,这样在种植到地形上面的时候才会呈现正确的结果。

单击　按钮切换到Place Trees模式,单击"Edit Trees..."按钮,选择"Add Tree"项,会弹出"Add Tree"对话框,单击"Tree"项右侧的"圆圈"按钮,在弹出的"Select GameObject"对话框中指定一棵树作为地形的树木,选择树木资源,如图4-25所示。

重复添加树木的操作,然后在"Trees"预览框中单击选中树,设置合适的参数后就可以利用笔刷在地形上进行种植树木。

绘制完树木,接下来为地形添加草、灌木等细节。单击　按钮切换到Paint Details模式,单击"Edit Details..."按钮,选择"Add Grass Texture"项,会弹出"Add Grass Texture"对话框,单击"Detail Texture"项右侧的"圆圈"按钮,在弹出的Select Texture2D对话框中指定草的纹理,如图4-26所示。

重复上步的操作,可以添加多种类型的草或灌木(添加细节网格与添加草的操作方法相似),然后在Details预览框中单击选中草,设置合适的参数后就可以利用笔刷在地形上进行种植,如果希望修改已添加的草或其他细节网格的参数,先在Details预览框中选择要编辑的细节,然后单击"Edit Details..."按钮,选择"Edit"项,在弹出的"Edit Grass Texture/Edit Details Mesh"对话框中进行编辑,

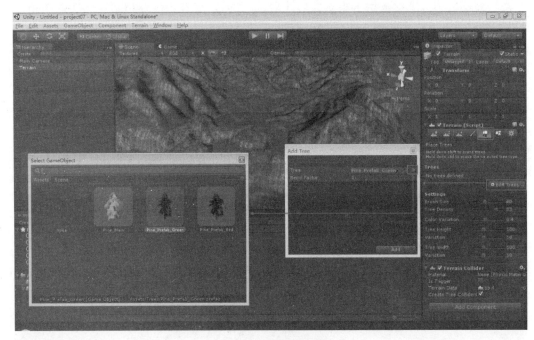

图 4-25 选择树木资源

图 4-26 指定草纹理

如图 4-27 所示。移除细节,单击"Edit Details …"按钮,选择"Remove"项即可。

　草和树木都种植完成之后,可以对场景添加风力,选择地形,在 Inspector 视图中,单击 ![按钮图标] 按钮,可设置"Wind Settings"项下面的参数:

（1）Speed：该项用于设定风吹过的速度。

（2）Size：该项用于设定风力影响的面积。

（3）Bending：该项用于设定草木被风吹的弯曲程度。

　风力设置完成之后在场景中添加光源,完成最后的效果。运行游戏,可以看到草、灌木随风摇曳的效果,如图 4-28 所示。

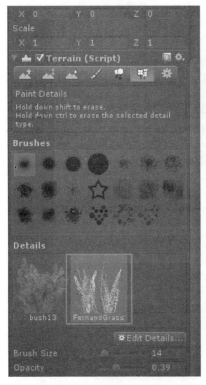

图 4 - 27　添加草或灌木

图 4 - 28　地形完成后最终效果

## 4.6　树木编辑器

### 1. 树木编辑器概述

Unity 引擎对自带的树编辑器生成的树木有特别的支持,如图 4 - 29 所示。可以在场景中的地形上放置成千上万棵树,Unity 用相应的 1 个实例来渲染。它将靠近相机的树渲染为 3D,将远离摄像机的树转变为 2D 面片。也就是说,Unity 会自动转动这些面片,这样不管用哪个角度来观察,都不会出错。转换系统使得精细的树环境在效率方面的实现变得非常简单。用户可以完全控制调整"模型到面片"转换的参数,这样便能在效果与效率上得到最好的结合。

### 2. 树木创建方式以及相关参数设定

树编辑器生成树木有 3 个层级,如图 4 - 30 所示。

(1) 根节点(Root Node):树的起点。它确定树的全局参数,如质量,树木样式随机因子,周围的遮挡和材质等属性。

(2) 分支节点(Branch Nodes):分支节点用于连接到根节点创建树干、树枝,以及控制枝干的生长、断裂等形态。

(3) 树叶节点(Leaf Node):叶片可以附加到根节点(如灌木)或枝干节点(如树木)。树叶节点是最终节点,没有其他节点可以连接到其上。

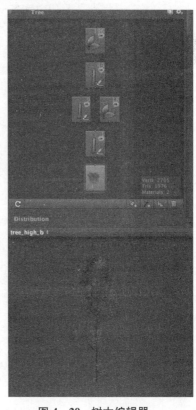

图 4 - 29　树木编辑器

图 4 - 30 生成树木 3 层级

在树木节点窗口的右下方有对节点操作的工具以及树模型当前的状态:

添加树叶按钮:添加一个树叶节点到当前选定的节点。

添加分支按钮:添加一个分支节点到当前选定的组节点。

复制节点按钮:复制当前选择的节点。

删除节点按钮:删除选定的节点(如选定节点含有其他节点会一并被删除)。

Verts: 2705 Tris: 1976 Materials: 2 树状态:显示树包含的顶点、三角面以及材质的数量。

在每个节点选中之后面板的下方都会有相应的参数,如图 4 - 31 所示。

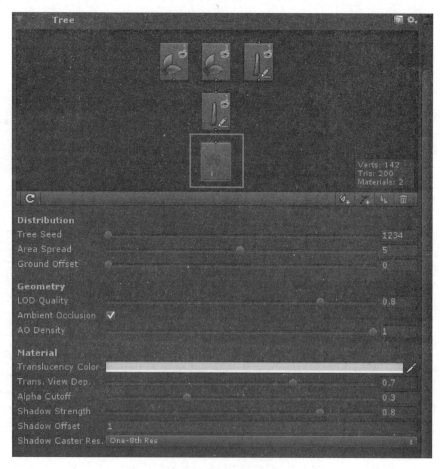

图 4 - 31 根 节 点 参 数

具体参数介绍如下：

（1）分布（Distribution）。

① 树种子（Tree Seed）：控制整个树的随机样式。

② 蔓延区域（Area Spread）：调整的主干节点的蔓延。增大该数值可制作含有多个树干的树木。

③ 地面偏移（Ground Offset）：调整主干节点上 Y 轴向下偏移量。

（2）几何体（Geometry）。

① 质量（LOD）：定义整个树的细节水平。较低的值会使树木面数减少，高值使该树更加细致。

② 环境光遮挡（Ambient Occlusion）：环境光遮挡切换开启或关闭。

③ 调整环境光遮挡的密度（AO 密度）。该值越高效果越暗。

（3）材质（Material）。

① 半透明颜色（Translucency Color）。

② 半透明视图依赖（Translucency View Dependency）。

③ 裁减（Alpha）：控制 Alpha 通道的范围。

④ Shadow Strength：用于控制阴影强度。

⑤ Shadow Offset：用于控制阴影偏移值。

⑥ Shadow Caster Resolution：阴影 Caster 解析。

选中树的分支节点会显示相应的分支节点参数及分支节点工具：

从左向右排列依次是移动、旋转和自由绘制工具。

（1）移动，移动选中的节点或样条曲线点。

（2）旋转，旋转选中的节点或样条曲线点。

（3）自由绘制，点住样条曲线点，按住鼠标左键并拖动鼠标可以自由绘制分支节点形状。

分支节点参数相比根节点参数更具体，分支节点具体参数如下：

（1）分布（Distribution）。

① 组种子（Group Seed）。

② 频率（Frequency）。

③ 分布（Distribution）。

④ 螺纹（Twirl）。

⑤ 增长比例（Growth Scale）。

⑥ 生成角度（Growth Angle）。

（2）几何体（Geometry）。

① LOD 倍数（LOD Multiplier）。

② 几何模式（Geometry Mode）。该分支组的几何类型。

③ 分支材质（Branch Material）。

④ 破损材质（Break Material）。

⑤ 材质盖折断的树枝（Material for capping brokcn branchcs）。

⑥ 叶状体材质（Frond Material）。

⑦ 叶状体的材质（Material for the fronds）。

（3）形状（Shape）。

① 长度（Length）。

② 半径（Radius）。

③ 盖平滑（Cap Smoothing）。

④ 增长（Growth）。

⑤ 褶皱（Crinkliness）。

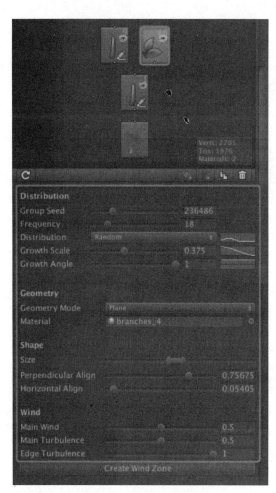

图 4-32 树叶节点参数

⑥ 向阳性(Seek Sun)。

⑦ 噪波(Noise)。

⑧ 噪波 U 方向缩放(Noise Scale U)。

⑨ 噪波 V 方向缩放(Noise Scale V)。

⑩ 褶半径(Flare Radius)。

⑪ 褶高度(Flare Height)。

⑫ 褶噪波(Flare Noise)。

⑬ 折断概率(Break Chance)。

⑭ 折断位置(Break Location)。

(4) 叶片(Fronds)。

① 叶片数量(Frond Count)。

② 叶片宽度(Frond Width)。

③ 叶片范围(Frond Range)。

④ 叶片旋转(Frond Rotation)。

⑤ 叶片折痕(Frond Crease)。

(5) 风(Wind)。

① 主要的风(Main Wind)。

② 边缘紊流(Edge Turbulence)。

③ 创建风区(Create Wind Zone)。

以上是分支节点参数,除了根节点和分支节点参数以外,还有树叶节点参数,选中树叶节点会显示树叶节点参数,如图 4-32 所示。

树叶节点参数与分支节点参数基本相似,此处就不一一列出了,如对树叶节点参数有疑问,可通过中文官方手册查看。

### 3. 创建树木案例

接下来讲解如何从头创建一棵树。选择菜单栏中的"GameObject→Create Other→Tree"选项,创建一棵树,此时,一个新的树资源在当前场景中生成了一个实例。默认只有一个分支(树干),如图 4-33 所示。

图 4-33 默认分支

在 Inspector 中会看到两个节点：树的根节点和一个单一的分支节点，选择分支节点，单击 ■ 按钮，在此分支节点会新增一个新分支节点，如图 4 - 34 所示。

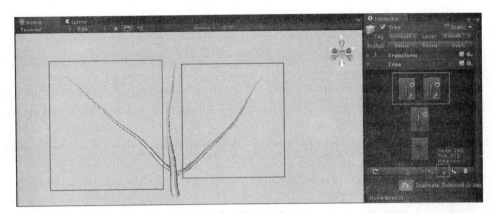

图 4 - 34　新分支节点

继续添加分支节点，并利用 ■■■ 工具对分支进行移动、旋转、自由绘制形状等操作，使树木的枝干看起来真实、自然。

分支制作完成之后，给树根和树枝添加纹理。新建材质资源，将材质的 Shader 指定为"Nature→Tree Creator Bark"（见图 4 - 35），并选择适当的纹理。

图 4 - 35　添 加 材 质

将相应材质指定给树的分支节点，如图 4 - 36 所示。

图 4 - 36　指 定 材 质

选择分支节点,单击 按钮,在此分支节点会新增树叶节点。调节其参数,使树叶看起来真实、自然,如图 4-37 所示。

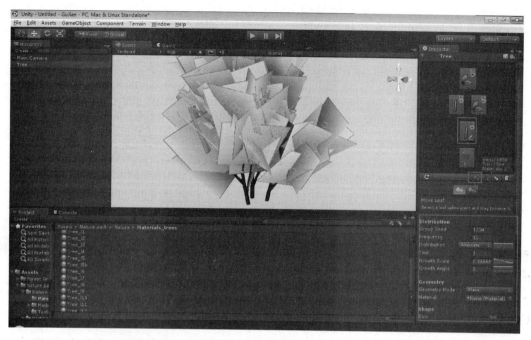

**图 4-37 新增树叶节点**

新建材质资源,将材质的 Shader 指定为"Nature→Tree Creator Leaves",并选择适当的纹理,如图 4-38、图 4-39 所示。

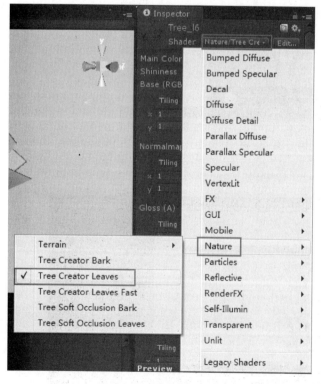

**图 4-38 新建树叶材质**

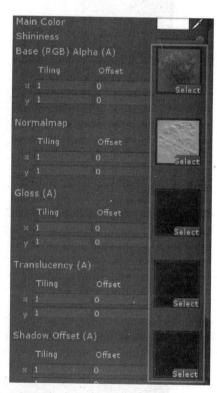

**图 4-39 选择树叶纹理**

将材质指定给树叶节点(见图 4-40),这样一棵完整的树就建立好了。在制作地形时可以使用创建好的树绘制于地形上。

图 4 - 40　指定树叶材质

# 4.7　创建角色

## 1. 角色控制资源包概述

角色资源包是 Unity 自带的角色控制系统，它包括了第一人称控制器及第三人称控制器，在使用时不输入代码也可以快速实现以上两种控制方法，以提高开发者的工作效率。

依次选择菜单栏中的"Assets→Import Package→Character Controller"选项（见图 4-41），为项目工程导入 Character Controller. unitypackage，导入时会弹出"Importing Package"对话框，对话框内会列出资源包中的所有内容，并可以选择要导入的内容，单击"All"按钮，再单击"Import"按钮将资源导入。

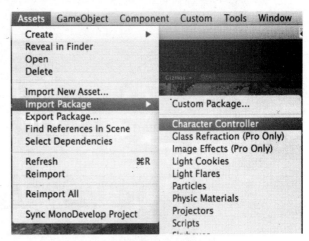

## 2. 在场景中使用角色控制预设体

打开资源工程项目 chapter04\Bootcamp，打开名为 Bootcamp 的场景，如图 4 - 42 所示。

图 4 - 41　导入角色控制资源包

依次选择菜单栏中的"Assets→Import Package→Character Controller"选项，为项目工程导入 Character Controller. unitypackage。

选中 Assets\Standard Assets\Character Controllers 文件夹内的 First Person Controller 预设体，将其拖曳到场景中（见图 4 - 43），调节该预设体在场景中的位置，使其胶囊碰撞体底部略高于地形。

单击 ▶ 按钮执行程序，会发现，现在已经可以控制第一人称了。按 W 键或上方向键会在场景中前进；按 S 键或下方向键则为后退；按 A 键或左方向键会在场景向左平移；按 D 键或右方向键则为向右平移；按空格键为跳跃；左右移动鼠标为左右环视场景。

停止运行，删除 First Person Controller 实例，选中 Assets\Standard Assets\Character Controllers

图 4 - 42    Bootcamp 场景

图 4 - 43    使用第一人称控制器

文件夹内的 3rd Person Controller 预设体,将其拖曳到场景中,调节该预设体在场景中的位置,使其角色网格底部高于地形一些,如图 4 - 44 所示。

图 4 - 44    第三人称控制器调整

如果 Third Person Controller 脚本组件中角色动作与动画失去链接，需要手动指定。选中 3rd Person Controller 预设体，在 Inspector 视图中为 Third Person Controller 脚本组件中 Idle Animation（空闲动画）、Walk Animation（行走动画）、Run Animation（跑步动画）、Jump Pose Animation（跳跃姿势动画）指定相对应的动画，如图 4 - 45 所示。

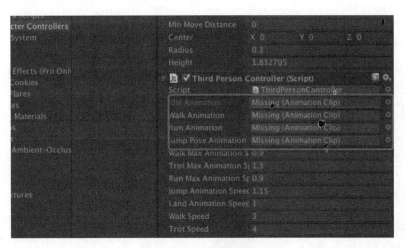

图 4 - 45　指定丢失动画

指定动画完成后，单击 ▶ 按钮运行，可以看到现在程序运行的是第三人称控制器效果。按 W 键或上方向键会控制角色在场景中前进；按 S 键或下方向键则控制角色向后退；按 A 键或左方向键会控制角色在场景向左移动；按 D 键或右方向键则控制角色为向右移动；按住"Shift"键则切换为跑步动作。

至此，角色控制资源包的使用方法介绍完毕。

## 4.8　动画录制

### 1. 动画录制功能简介

Unity 中的动画视图（Animation View）可让使用者直接在 Unity 内录制和修改动画片段（Animation Clips），如图 4 - 46 所示。它被设计用作外部三维动画程序强大而简单的替代方案。除动

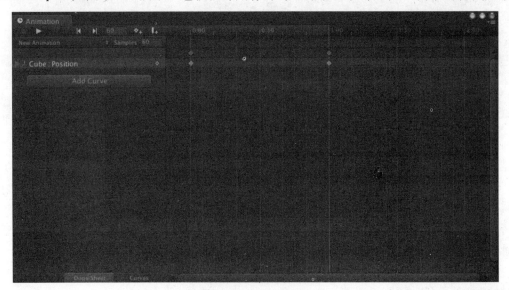

图 4 - 46　动画视图窗口

画录制之外,编辑器还可录制材质动画和组件的变量动画,另外还能够添加动画事件和在时间线特定点调用动画片段。

### 2. 动画录制方法讲解

在一个新场景中通过"GameObject→Create Other"创建一个 Cube 几何体对象,动画视图可用于预览和编辑 Unity 中已经经过动画处理的游戏对象的动画片段。动画视图可以从"Window → Animation"菜单打开,如图 4-47 所示。

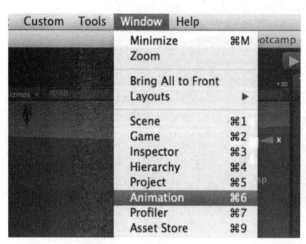

选中 Cube 后,可以看到动画视图中出现了 Cube 的 Position 属性,如图 4-48 所示。

Unity 中经过动画处理的游戏对象需要控制动画的动画组件(Animation Component)。如果游戏对象还没有动画组件,建议手动添加一个。选中 Cube,选择菜单选项"Component → Miscellaneous→Animation",如图 4-49 所示。

如需为所选游戏对象创建新的动画片段(Animation Clip),请单击动画视图左侧录制按钮下方的动画名称,然后选择"Create New Clip"选

图 4-47　打开动画视图窗口

项,如图 4-50 所示。系统会提示你将动画片段保存到资源(Assets)文件夹中。新的动画片段将自动添加到动画组件的 Animations 列表中。

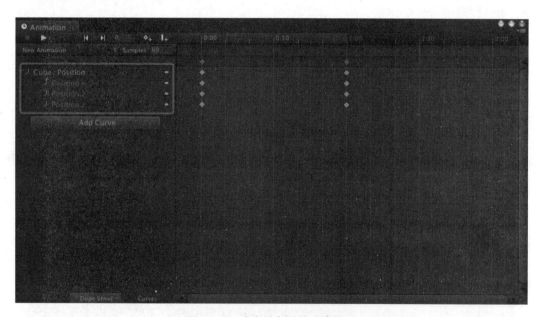

图 4-48　选中对象后的动画视图

如需开始为选中的游戏对象编辑动画片段,可单击动画模式按钮███进入动画模式(Animation Mode)。在该模式中,可进行动画的录制,对游戏对象所做的更改将会保存在动画片段中。选择方块,在时间线 0.00(0 秒)位置,单击右键,选择"Add Key"选项添加一个关键帧,如图 4-51 所示。

再将时间线移动到 1.00(1 秒)位置,移动 Cube,会发现 1.00 位置被自动记录下了一个关键帧,通过使用录制按钮边上的动画"预览"按钮███可以循环预览 Cube 的动画。

另一种方法是通过单击动画录制按钮下方的"Add Curve"按钮,通过选择要添加的动画的属性来添加动画的,如图 4-52 所示。

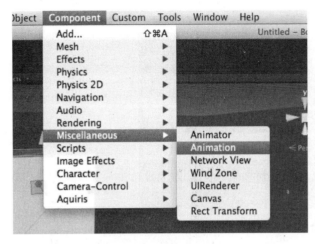

图 4-49  添加动画组件

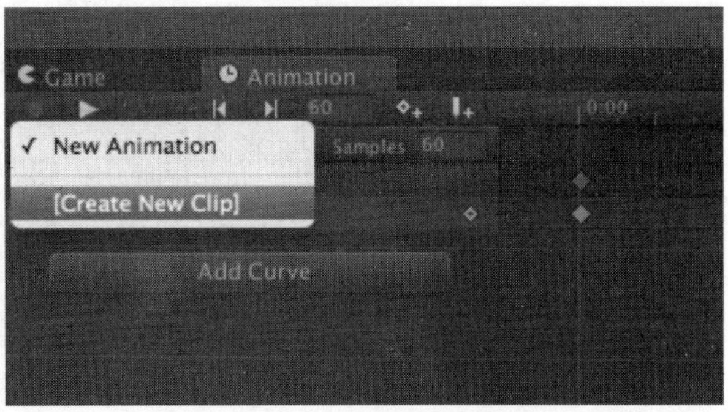

图 4-50  创建新动画剪辑

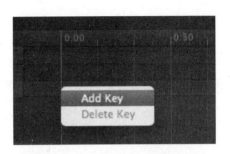

图 4-51  添加关键帧

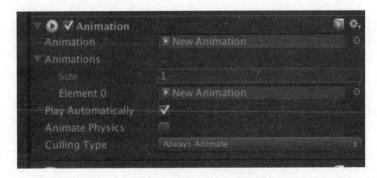

图 4-52  通过 Add Curve 按钮添加

动画录制完成之后,再次单击"动画模式"按钮可退出动画模式,使游戏对象恢复到进入动画模式之前的状态。

### 3. 动画播放

动画录制结束后,Cube 的 Animation 组件中多了一个默认动画,如图 4-53 所示。如果录制多个动画,都会被记录到"Animations"的参数列表中,但默认动画则只有一个,若要改变默认动画,可以将 Project 视图中保存的动画文件拖动到"Animation"参数中。

图 4-53  Animation 组件中被记录的动画

运行场景之后,观看效果,会发现 Cube 自动播放了默认的动画,也就是刚刚录制的动画,但是播放一次之后就停止了,为了修改动画的播放模式,可以选中 Project 视图中所保存的动画文件,在检视视图中将"WrapMode"参数改为 Loop(循环),如图 4-54 所示。再次运行场景,发现 Cube 已在循环播放了,除了 Loop 模式,还有 Once(播放一次)、Ping Pong(来回播放)及 Clamp Forever(无限重复播放等参数),可以选择自己想要的播放模式。

图 4 – 54　动画播放模式

## 4.9　天空盒

当游戏远处需要天空遮盖的时候,可以使用 Unity 的天空盒。天空盒实际上是一种使用了特殊类型 Shader 的材质,该种类型材质可以笼罩在整个游戏场景之外,并根据材质中指定的纹理模拟出类似远景、天空等类型的效果,使游戏场景看起来更完整。

### 1. 天空盒资源包的概述

在 Unity 的标准资源库中(Standard Asset)自带有若干个天空盒资源,依次选择菜单栏中的"Assets→Import Package→Skyboxes"选项,为项目工程导入 Skyboxes. unitypackage,导入时会弹出"Importing Package"对话框,对话框内会列出资源包中的所有内容,并可以选择要导入的内容,单击"All"按钮全部勾选,然后单击"Import"按钮将资源导入,如图 4 – 55 所示。

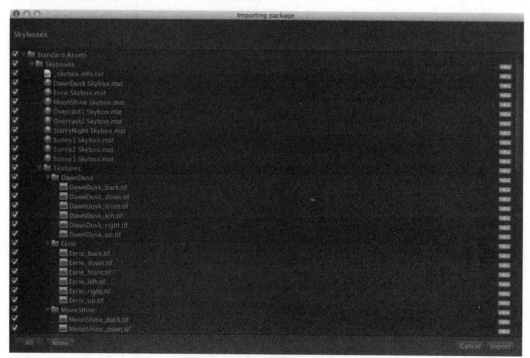

图 4 – 55　天空盒导入

资源包被导入之后（包含 9 个天空盒材质球），它们的位置如图 4－56 所示。

图 4－56 天空盒材质球

### 2. 天空盒的两种应用方式及其区别

Unity 中，天空盒的使用方法有两种。

（1）在 Unity 中 Render Settings（渲染设置）里进行指定，这种方法是针对游戏场景的。简单地说，就是在同一个游戏场景中，无论使用哪个摄像机对象，天空盒都保持不变。并且该方式指定天空盒可以在 Scene 视图中直接显示。

选择菜单栏中的"Edit→Render Settings"选项，Inspector 视图中会显示出 Render Settings 的参数面板，如图 4－57 所示。

将 Project 视图中的天空盒材质拖动到 Skybox material 项中，如图 4－58 所示。

（2）为摄像机对象添加天空盒组件，然后在天空盒组件中进行指定，这种方法只针对摄像机本

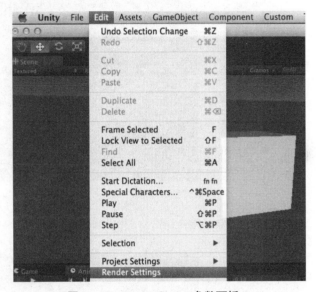

图 4－57 Render Setting 参数面板

身，简单地说，就是在同一个游戏场景中，如果切换摄像机对象，天空盒会随之变换。需要注意的是，为摄像机指定的天空盒优先级会高于在渲染设定中指定的天空盒。

选中摄像机对象，依次选择菜单栏中的"Component→Rendering→Skybox"选项，为摄像机对象添加天空盒组件，如图 4－59 所示。

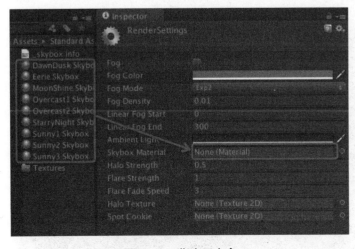

图 4－58 指定天空盒

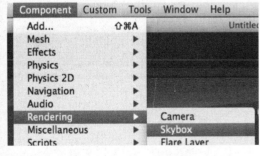

图 4－59 为摄像机添加天空盒组件

直接将天空盒材质拖动到 Custom Skybox 项右侧的材质槽中，如图 4－60 所示。

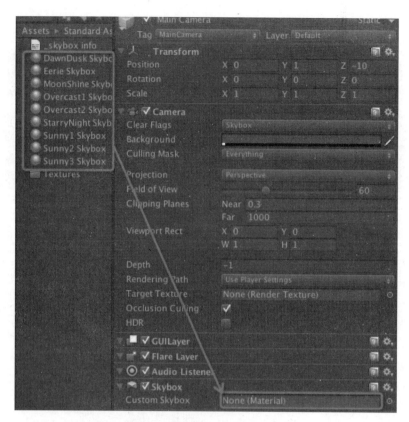

图 4-60　指定天空盒材质

天空盒材质添加完成,最终效果如图 4-61 所示。

图 4-61　天 空 盒 效 果

## 4.10　雾效

开启雾效将会在场景中渲染出雾的效果。在 Unity 中,可以对雾的颜色、密度等属性进行调整。开启雾效通常用于优化性能,开启雾效后远处的物体被雾遮挡,此时便可选择不渲染距离摄像机较远的物体。这种性能优化方案需要配合摄像机对象的远裁切面设置来使用。通常先调整雾效得到正确的视觉效果，然后调小摄像机的远裁切面，使场景中的距离摄像机对象较远的游戏对象在雾效变淡前被裁切掉。

雾效的设置是针对场景的，在项目工程中，每个游戏场景都可以有不同的雾效设置。

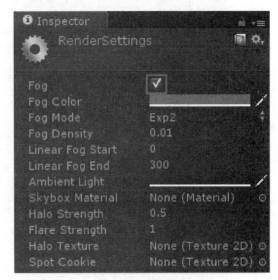

**1. 雾效的添加方法**

在 Unity 中开启雾效的方法非常简单。依次选择菜单栏中的"Edit→Render Settings"选项，Inspector 视图中会显示出 Render Settings 的参数面板，选择"Fog（雾效）"项即可开启雾效，如图 4－62 所示。

**2. 雾效的参数**

（1）雾效（Fog）。选择该项游戏场景将开启雾效。

（2）雾的颜色（Fog Color）。单击该选项右侧的色

图 4－62　开启雾效

条，在弹出的 Color 对话框中可以为雾效指定颜色。

（3）雾效模式（Fog Mode）。用于指定雾效的模式，有 3 项可供选择：Linear、Exponential、Exp2。

（4）雾效浓度（Fog Density）。用于设定雾效的浓度，取值范围在 0～1 之间，数值越大，雾的浓度越高，雾的遮挡能力越强。

（5）线性雾效开始距离（Linear Fog Start）。用于控制雾效开始渲染的距离（仅在 Fog Mode 指定为 Linear 模式下有效）。

（6）线性雾效结束距离（Linear Fog End）。用于控制雾效结束渲染的距离（仅在 Fog Mode 指定为 Linear 模式下有效）。

## 4.11　水效果

水效果在游戏中频繁使用。游戏中的河流、海洋、湖泊、池塘等都属于水效果。使用 Unity 可以非常方便地创建出逼真的水体效果。

### 水资源包的概述

Unity 的标准资源库中提供了 Water（Basic）基本水资源及 Water（Pro Only）高级水资源。首先介绍下 Water（Basic）基本水资源。

（1）新建场景，依次选择菜单栏中的"Assets→Import Package→Water（Basic）"选项，为项目工程导入 Water（Basic）. unitypackage，导入时会弹出"Importing Package"对话框，对话框内会列出资源包中的所有内容，并可以选择要导入的内容，单击"All"按钮，然后单击"Import"按钮将资源导入，如图 4－63 所示。

（2）资源包被导入后，资源包中包含两个水资源预设，分别是 Daylight Simple Water（日间基本水效果）预设体以及 Nighttime Simple Water（夜晚基本水效果）预设体，如图 4－64 所示。

（3）将两个预设体依次添加到场景中生成实例。虽然，基本水效果预设体不能对游戏场景中的天空盒以及游戏对象等进行反射、折射运算，但是相对高级水效果而言对系统资源占用较小，默认的效果如图 4－65 所示。

再来介绍一下 Water（Pro Only）高级水资源（该资源包只有 Pro 版才能支持）。

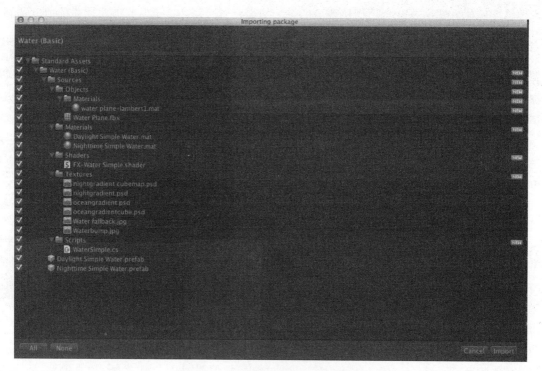

图 4 - 63　Water(Basic)资源导入

图 4 - 64　Water(Basic)预设体

图 4 - 65　基本的日间水效果和夜间水效果

　　(1) 选择菜单栏中的"Assets→Import Package→Water(Pro Only)"选项,为项目工程导入 Water (Pro Only).UnityPackage,导入时会弹出"Importing Package"对话框,对话框内会列出资源包中的所有内容,并可以选择要导入的内容,单击"All"按钮,然后单击"Import"按钮将资源导入,如图 4 - 66 所示。

　　(2) 资源包被导入后,资源包中同样包含两个水资源预设体,分别是 Daylight Water(白天水效果)预设体以及Nighttime Water(夜晚水效果)预设体,为了显示效果,将场景中的天空盒相应的纹理切换

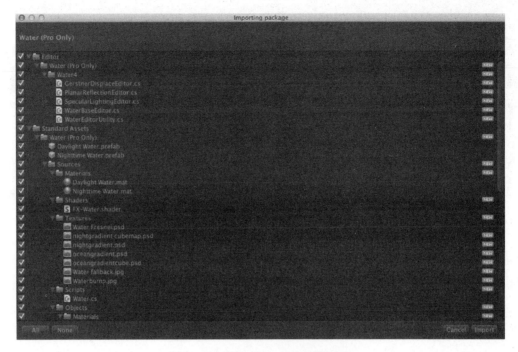

图 4 - 66　Water(Pro Only)资源导入

成日间与夜晚的效果,并对场景中的光源强度进行调整,将两个预设依次添加到场景中生成实例。高级水效果预设能够对游戏场景中的天空盒以及游戏对象等进行反射、折射运算,效果非常真实,但是相对基本水效果而言对系统资源占用较高,效果如图 4 - 67 所示。

图 4 - 67　Water(Pro Only)水效果

由于高级水预设体支持对游戏场景中的天空盒以及游戏对象进行反射、折射的运算,所以相比基础水资源来讲,高级水资源更注重游戏场景的环境。

# 第 5 章
# Unity 脚本开发基础(适用专业：综合应用、程序开发)

## 5.1 脚本介绍

游戏吸引人的地方在于它的可交互性。若没有交互,场景再精致美观,也难称其为出色的游戏。在 Unity 中,游戏交互通过脚本编程来实现。脚本可以理解为附加在游戏对象上的用于定义游戏对象行为的指令代码。通过脚本,开发者可以控制每一个游戏对象的创建、销毁以及对象在各种情况下的行为,从而实现预期的交互效果。

图 5-1 为 Unity 游戏案例《AngryBots》中的角色脚本和代码片段,这些代码使玩家可以操作虚拟角色在场景中进行冒险。

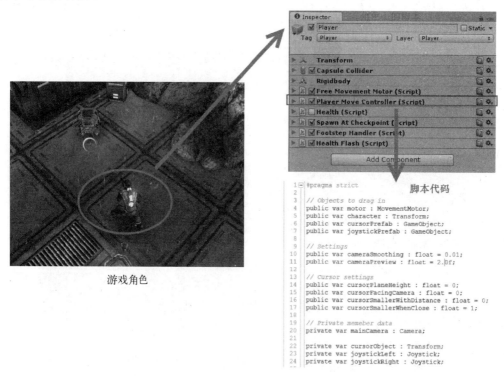

图 5-1 《AngryBots》中的角色脚本和代码片段

## 5.2 Unity 脚本语言

在 Unity 中进行脚本开发十分简易和高效,它有如下特点:

(1) Unity 的编辑器整合了很多脚本编辑和调试的功能,比如脚本与游戏对象的连接、变量数值的修改以及实时预览脚本修改后的游戏效果,大大提高了游戏开发的效率。

(2) Unity 内置丰富的脚本资源,提供了很多游戏开发中常用的脚本,帮助开发者快速地实现游戏的基本功能。

(3) Unity 支持多种脚本语言开发,包括 C♯、JavaScript 和 Boo。就使用的广泛性来看,JavaScript 和 C♯ 比较普遍,Boo 相对较少。表 5-1 对这种脚本语言进行了简单的对比。

表 5-1  Unity 的三种脚本语言的对比

| 语　言 | 学习难度 | 用户群体 | 资　料 | 适合的使用者 |
| --- | --- | --- | --- | --- |
| C♯ | 较难 | 广泛 | 丰富 | 中高级用户 |
| JavaScript | 一般 | 广泛 | 丰富 | 初学者和中级用户 |
| Boo | 较难 | 较少 | 较少 | 中高级用户 |

开发者应根据自身情况来选择适合自己的脚本语言,对于程序基础较弱的初学者或者一些简单的开发需求,可以选择使用 JavaScript 作为脚本开发语言。对于有一定 C/C++ 程序基础的开发者,或者需要较为深入的开发需求,可以选择使用 C♯。习惯使用 Python 的开发者可以使用 Boo 语言。

Unity 的脚本机制能够保证 3 种脚本语言能够达到同样的功能和运行速度,区别主要体现在语言特性上。

## 5.3  JavaScript 基本语法

Unity 使用的 JavaScript 和网页开发中常用的 JavaScript 并不一样,它经过编译后运行速度很快,另外语法方面也会有不少区别,因此也有人将其称为 UnityScript。本节将介绍 Unity 中 JavaScript。

### 1. 变量

JavaScript 里变量需要先定义后才能使用,声明一个变量的方法为:

var 变量名:变量类型;

例如:

var playerName:String;

//声明一个名称为 playerName,类型为 String 的变量

playerName = "Arthas";

var playerHealth:int = 100;

//声明一个名称为 playerHealth,类型为 int 的变量并赋值

var n:char = "abc"[0];

//声明一个字符变量 n,并将字符串 abc 中下标为 0 的字符 a 赋值给 n。

var weight:float = 0.5;

//声明一个名称为 weight 的浮点型变量,并赋值0.5。

变量前面还可以添加访问修饰符如 public、protected、private、internal 来修饰,其中 public 的变量可以在 Inspector 视图中查看和编辑,不添加访问修饰符则默认为 public。声明为 private 的变量,只能在本类中使用。声明为 protected 的变量只能在本类及子类中使用。声明为 internal 的变量可以在本项目中访问。

例如：

public var name：String；

//声明了一个名称为 name 的公有变量,其访问不受限制,可以在本类中或者通过类的实例进行访问,如果不写访问修饰符,则默认为 public

private var age：int；

//声明一个名称为 age 的私有变量,该变量只能本类成员访问,不能通过类的实例访问,也不能通过派生类访问

protected var number：int；

//声明一个名称为 number 的保护变量,只限本类和派生类访问,实例不能访问.

JavaScript 的常用变量类型如表 5－2 所示。

表 5－2　常用变量类型

| 数值类型 | byte,sbyte,short,ushort,int,uint,long,ulong,float,double,char,decimal 开发时根据精度需要选用不同的 |
|---|---|
| 字符串 | String |
| 布尔值 | boolean |

## 2. 数组

JavaScript 里可以使用两种数组,分别为内建数组(built-in array)和动态数组(Array、List)。内建数组速度最快,并且可以在 Inspector 视图里编辑,但是不能动态调整大小。Array 和 List 数组可以调整大小,且提供了常用的合并、排序等功能,但是 Array 数组不能在 Inspector 视图里编辑,速度较内建数组慢。

下面是内建数组的例子：

```
var values：int[] =[1,2,3,4,5];//声明一个内建数组并初始化
function Start(  )
{
    for(var i：int in values )
    {
        print(i);//遍历数组并打印
    }
}
```

测试结果如图 5－2 所示。

下面是使用 Array 数组的例子：

```
function Start(  )
{
    var arr = new Array();//声明一个 Array 数组
    arr.Push("hello ");//添加一个元素到数组
    print( arr[0] );
    arr.length = 2；//调整数组大小
    arr[1] = "bye"；//赋值给第二个元素
    for(var str：String in arr)
```

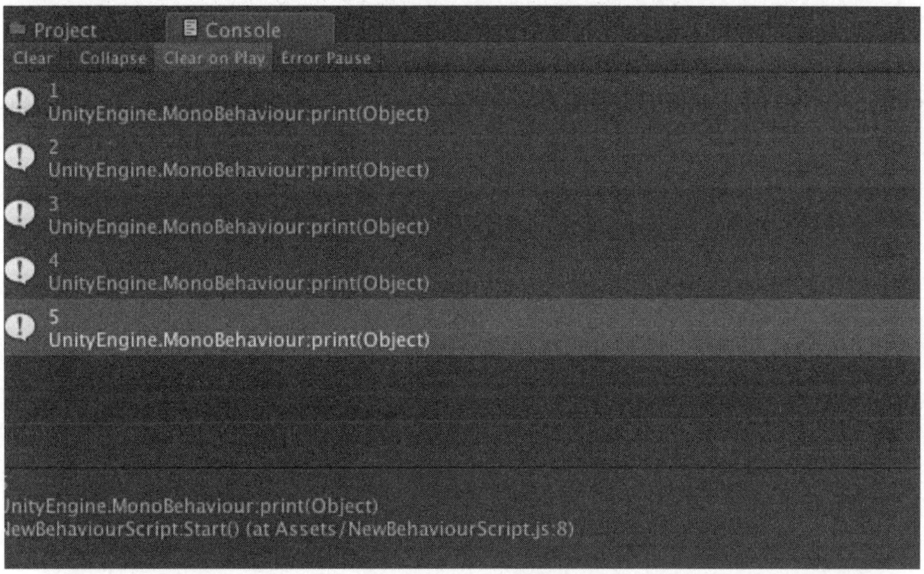

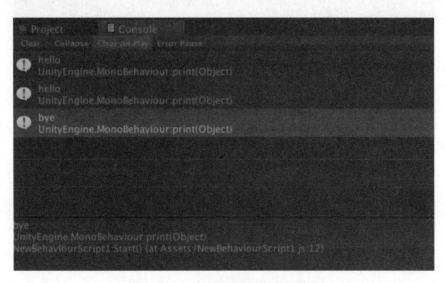

图 5-2　输出数组元素

```
    {
        print(str); //遍历数组并打印
    }
}
```

测试结果如图 5-3 所示。

图 5-3　Array 数组输出自定义元素

内建数组和动态数组可以很方便地转换,在开发过程中可以根据性能需要来使用不同类型的数组,新建 JavaScript 脚本,添加脚本,如下面的例子:

```
function Start()
{
    var array = new Array(1,2);
    array.Push(3);
    array.Push(4);
```

```
    var builtinArray：int[] = array.ToBuiltin(int);
    //Array 数组赋值给内建数组
    var newarr = new Array(builtinArray);
    //将内建数组赋值给 Array 数组
    print(array);
    print(newarr);
}
```

测试结果如图 5-4 所示。

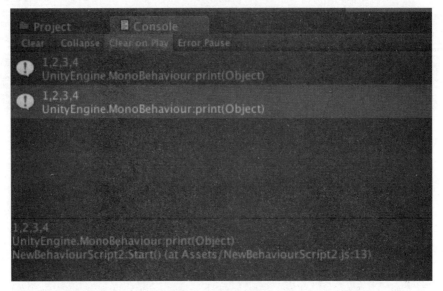

图 5-4 输 出 结 果

下面是使用 List 数组的例子：

使用 List 数组需要在文件开头添加 import System. Collections. Generic；

脚本代码如下：

```
import System. Collections. Generic;


var myArray：List.<int> = new List.<int>();
//尖括号内定义该数组的数据类型为 int 型,即该数组只能添加 int 型的数据


function Start() {
    myArray. Add(1);
    //为数组添加元素 1
    myArray. Add(3);
    //为数组添加元素 3
    myArray. Add(5);
    //为数组添加元素 5
    myArray. Remove(3);
    //删除数组中首次出现的元素 3
    myArray. RemoveAt(0);
    //删除数组中索引值为 0 的元素
```

```
for(var n in myArray)
{
    print(n); //遍历数组并打印
}

myArray.Clear();
//删除数组中的所有元素

}
```

测试结果如图 5-5 所示。

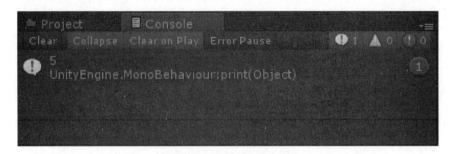

图 5-5　List 数组输出结果

### 3. 运算、比较、逻辑操作符

JavaScript 提供了一套算数、关系、逻辑操作符，如表 5-3～表 5-5 所示。

表 5-3　运算操作符

| + | 加　法 | expr1 + expr2; |
|---|---|---|
| − | 减　法 | expr1 − expr2; |
| * | 乘　法 | expr1 * expr2; |
| / | 除　法 | expr1/expr2; |
| % | 取模(求余数) | expr1 % expr2; |
| ++ | 自　增 | ++expr1;expr1++; |
| −− | 自　减 | −−expr1;expr1−−; |

表 5-4　比较操作符

| < | 小　于 | expr1 < expr2; |
|---|---|---|
| > | 大　于 | expr1 > expr2; |
| <= | 小于等于 | expr1 <= expr2; |
| >= | 大于等于 | expr1 >= expr2; |
| == | 是否相等 | expr1 == expr2; |
| ! = | 是否不等 | expr1 ! = expr2; |

表 5-5　条 件 操 作 符

| ! | Not(逻辑非) | ! expr1; |
|---|---|---|
| \|\| | Or(逻辑或) | expr1\|\|expr2; |
| && | And(逻辑与) | expr1&&expr2; |
| ?: | 条件表达式 | expr? expr_if_true: expr_if_false; |

### 4. 语句

JavaScript 的所有语句均要以分号结尾。语句的注释支持单行注释//和多行注释/＊ ＊/。

（1）条件语句。条件语句主要有 if、if-else 条件判断以及 if-else 嵌套使用。

```
if(expr1 = = expr2) print("expr1 = = expr2");
if(expr2 = = expr3) print("expr2 = = expr3");
else print("expr2! = expr3");
```

（2）循环语句。循环语句包括 while、do-while、for、for-in 的循环操作。

```
var i: int = 0;
while(i<10)
{
    print(i);
    i+ +;
}


for(var i: int = 0;i<10; + +i)
{
 print(i);
}


var i: int = 0;
do
{
    print(i);
    + +i;
}while(i<10);


var nameArray: String[] = ["lucy","tom","jack"];
for(var  str: String  in  nameArray)
{
    print(str);//遍历数组并打印
}
```

运行结果如图 5-6 所示。

（3）switch 语句。switch 语句用来进行多条件判断,可以替代冗长的 if-else 嵌套语句。

```
var player: String = "Lily";
switch(player)
{
    case "Tom":
    print("this is Tom");
    break;
    case "Lily":
    print("hi,Lily");
    break;
    case "Jack":
    print("Nice to meet you");
    break;
    default:
    break;
}
```

测试结果如图 5-7 所示。

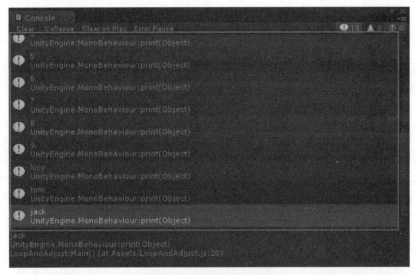

图 5-6　输 出 结 果

图 5-7　输 出 结 果

### 5. 函数

JavaScript 里的函数格式为：

（1）有返回值函数。

```
function 函数名(参数 1：参数类型,参数 2：参数类型,…)：返回值类型
{
    return 返回值或表达式;
}
```

例如：

```
function Sum(num1：int,num2：int)：int
{
    return num1 + num2;
}
```

（2）无返回值函数。

```
function 函数名(参数 1：参数类型,参数 2：参数类型,…)
{
}
```

例如：

```
function Sum1(num1：int,num2：int)
{
    print(num1 + num2);
}
```

另外 JavaScript 中函数均可以视为 Function 类型的对象,可以像变量一样进行赋值、比较等操作。

例如：

```
function Start()
{
    var sumFunc：Function = Sum;
    print(Sum(1,2));
    print(sumFunc(3,4));

}
function Sum(num1：int,num2：int)：int
{
    return num1 + num2;
}
```

运行结果如图 5-8 所示。

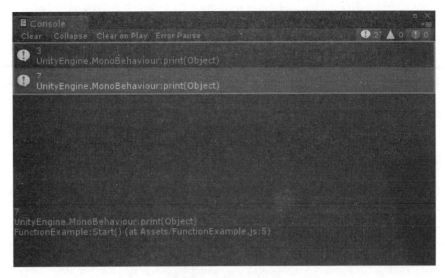

图 5-8　输　出　结　果

# 5.4　C♯基本语法

## 1. 变量

在 Unity 中,C♯变量声明方式为:

变量类型变量名;

例如:

string name = "Unity";

char sex ='F';

变量前面可以添加访问修饰符 public、protected、private、internal,其中 public 的变量可以在 Inspector 视图中查看和编辑,不添加访问修饰符则默认为 private(在 JavaScript 中默认为 public)。

C♯中可用的变量类型和上一节 JavaScript 中介绍的变量类型一样,这里不再重复介绍。

## 2. 数组

在 C♯中只能使用内建数组。

```
using UnityEngine;
using System.Collections;
public class Example: MonoBehaviour {
    public int[ ] array = new int[5];
    void Start( ) {
        for(int i = 0;i<array.Length;i++)
        {
            array[i] = i;
        }
        foreach(int item in array) print(item);
    }
}
```

运行后结果如图 5-9 所示。

**图 5-9 数组输出结果**

虽然不能使用 Array 数组,但是可以使用 ArrayList、List 等容器来达到同样的目的。例如:

```
using UnityEngine;
using System.Collections;
using System.Collections.Generic;//使用 List 容器需要添加这个命名空间
public class Example: MonoBehaviour {
    public List<int> list = new List<int>();//声明一个元素类型为 int 的 List 容器
    void Start() {
        for(int i = 10;i>0;i--)
        {
            list.Add(i);//按 10,9,8,…,1 的顺序往 list 里面添加内容
        }
        list.Sort();//排序
        foreach(int item in list ) print(item);//打印 list 里的内容
    }
}
```

测试结果如图 5-10 所示。

## 3. 运算、比较、逻辑操作符

C#中的操作符与上一节介绍的 JavaScript 操作符一致,可参考上一节内容。

## 4. 语句

C#中的条件判断语句、循环语句、switch 语句的使用与上一节介绍的 JavaScript 语句一致,可参考上一节内容。

## 5. 函数

C#里的函数格式为:

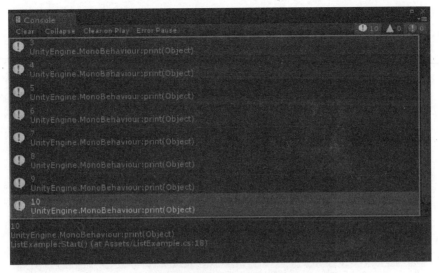

图 5-10　测 试 结 果

访问修饰符 返回值类型 函数名(参数类型参数 1,参数类型参数 2,…)
{
　　return 返回值或表达式；//若无返回值则,此句可以省略
}

例如：

```
public int Sum(int num1, int num2)
{
    return num1 + num2;
}
```

上面的函数使用了 int 作为返回值类型,若无返回值,则使用 void 关键字。

例如：

```
public void Sum1(int num1, int num2)
{
    print(num1 + num2);
}
```

参数可以使用关键字 ref 声明为传引用参数,在函数调用时的实参数前也需要添加 ref,使用 ref 修饰的变量需要赋初始值,例如：

```
void Start()
{
    int score = 110;
    ClampScore(ref score);//传参数的引用
    print(score);
}
void ClampScore(ref int num)
{
    num = Mathf.Clamp(num,0,100);
}
```

测试结果如图 5 - 11 所示。

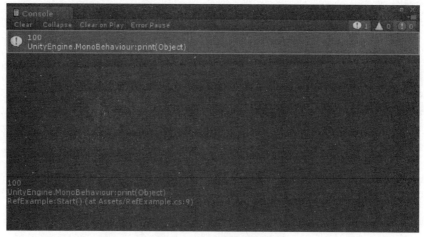

图 5 - 11　信 息 输 出

另外函数参数前可以使用关键字 out 实现返回多个数值,例如:

```
void Start()
{
    float num1 = 2f,num2 = 3f;
    float multi,sum;
    Calculate(num1,num2,out multi,out sum);
    print(multiply);
    print(sum);
}
void Calculate(float num1,float num2, out float multi,out float sum)
{//将相乘结果和相加结果返回
    multiply = num1 * num2;
    sum = num1 + num2;
}
```

测试结果如图 5 - 12 所示。

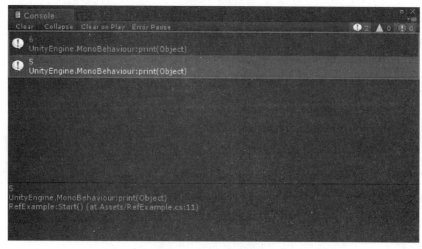

图 5 - 12　测 试 结 果

## 5.5　创建脚本

### 1. 创建脚本的方式

在 Unity 中有两种创建脚本文件的方法，具体操作方法如下：

(1) 打开菜单栏中的"Assets→Create→Javascript(或者是 C♯ Script/Boo Script，根据脚本语言的类型选择菜单项)"，就可以创建一个 Javascript 脚本了(见图 5-13)。

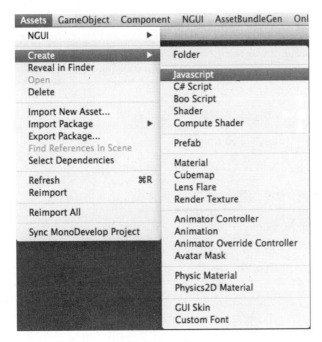

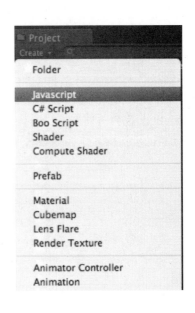

图 5-13　创建脚本 1　　　　　　　　图 5-14　创建脚本 2

(2) 另一种方法是：在工程视图上方单击"Create"按钮，或者在视图区域右击，在弹出的菜单中选择"Create→Javascript(或者 C♯ Script、Boo Script)"项来创建脚本，如图 5-14 所示。

新建的脚本文件会出现在 Project 视图中，并命名为默认脚本名 NewBehaviourScript，此时也可以根据需要为脚本输入新的名称。

### 2. MonoDevelop 编辑器

在 Project 视图中双击脚本文件，Unity 将会启动脚本编辑器用于编辑脚本。Unity 默认的脚本编辑器是内置的 MonoDevelop，如图 5-15 所示。

MonoDevelop 提供了语法高亮、自动完成、函数提示等便捷的代码编辑功能，还可以根据使用习惯来修改选项参数从而定制个性化的界面，是一个功能完备、使用方便的开发工具。

### 3. 脚本必然事件

在 Unity 中，无论是 C♯ 还是 JavaScript，在创建脚本之后都会附带有脚本的模板，用编辑器打开新建的脚本，会发现 Unity 已经自动地为我们创建了两个方法，它们就是 Start 和 Update。Unity 的脚本中可以定义一些特殊的函数，在满足某些条件时由 Unity 自动调用，它们被称为必然事件。

Start 会在 Update 函数第一次运行之前调用并只调用一次，一般用于进行脚本的初始化操作。

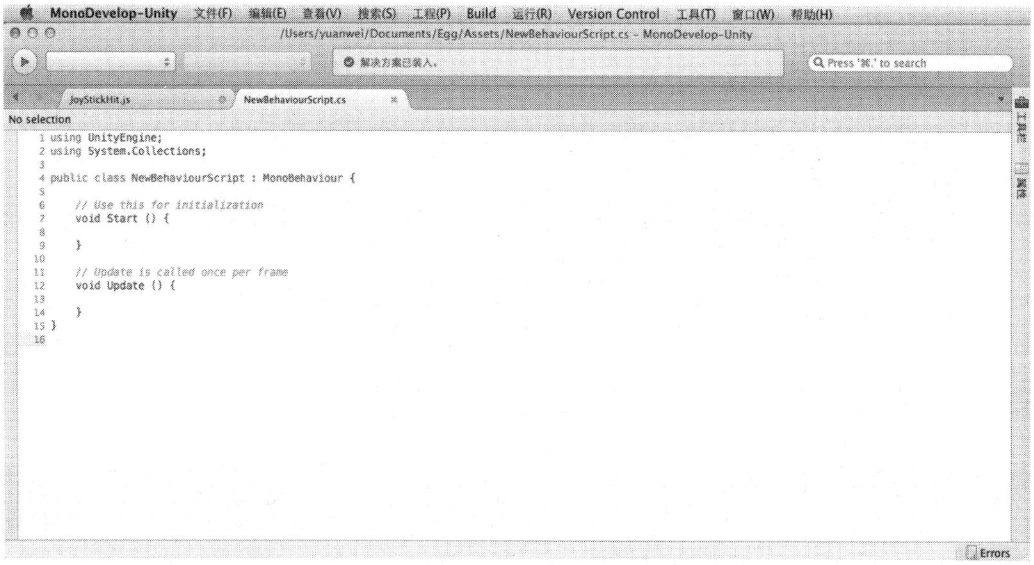

图 5-15　MonoDevelop 编辑器

Update 函数会每帧都调用一次,一般用于更新游戏场景和状态。

Unity 里还支持其他很多必然事件,表 5-6 列出的是最常用的几个事件:

表 5-6　常用必然事件

| 名　　称 | 触 发 条 件 | 用　　途 |
|---|---|---|
| Update | 每帧调用一次 | 用于更新游戏场景和状态(和物理状态有关的更新应放在 FixedUpdate 里) |
| Start | Update 函数第一次运行之前调用 | 用于游戏对象的初始化 |
| Awake | 脚本实例被创建时调用 | 用于游戏对象的初始化,注意 Awake 的执行早于所有脚本的 Start 函数 |
| FixedUpdate | 每个固定物理时间间隔( physics time step)调用一次 | 用于物理引擎的参数更新 |
| LateUpdate | 每帧调用一次(在 Update 调用之后) | 用于更新游戏场景和状态,和相机有关的更新一般放在这里 |

### 4. MonoBehavior 类

MonoBehaviour 是 Unity 中一个非常重要的类,它定义了基本的脚本行为。所有的脚本类(编辑器类除外)均需要从 MonoBehaviour 直接或者间接地继承。MonoBehaviour 定义了对各种特定事件(例如鼠标在模型上单击,模型碰撞等)的响应函数,这些函数名称均以 On 作为开头。

表 5-7 列出了几个常用的事件响应函数。完整的函数列表可以查看用户手册。

表 5-7　常用的事件响应函数

| 事 件 名 称 | 触 发 条 件 |
|---|---|
| OnMouseEnter | 鼠标移入 GUI 控件或者碰撞体时调用 |
| OnMouseOver | 鼠标停留在 GUI 控件或者碰撞体时调用 |
| OnMouseExit | 鼠标移出 GUI 控件或者碰撞体时调用 |

续　表

| 事　件　名　称 | 触　发　条　件 |
|---|---|
| OnMouseDown | 鼠标在 GUI 控件或者碰撞体上按下时调用 |
| OnMouseUp | 鼠标按键释放时调用 |
| OnTriggerEnter | 与其他碰撞体进入触发器时调用 |
| OnTriggerExit | 与其他碰撞体离开触发器时调用 |
| OnTriggerStay | 当其他碰撞体停留在触发器时调用 |
| OnCollisionEnter | 当碰撞体或者刚体与其他碰撞体或者刚体接触时调用 |
| OnCollisionExit | 当碰撞体或者刚体与其他碰撞体或者刚体停止接触时调用 |
| OnCollisionStay | 当碰撞体或者刚体与其他碰撞体或者刚体保持接触时调用 |
| OnControllerColliderHit | 当控制器移动时与碰撞体发生碰撞时调用 |
| OnBecameVisible | 对于任意一个相机可见时调用 |
| OnBecameInVisible | 对于任意一个相机不可见时调用 |
| OnEnable | 对象启用或者激活时调用 |
| OnDisable | 对象禁用或者取消激活时调用 |
| OnDestroy | 脚本销毁时调用 |
| OnGUI | 渲染 GUI 和处理 GUI 消息时调用 |

## 5.6　游戏对象及组件的访问

### 1. 使用脚本访问游戏对象

在场景中创建的每个物体都是游戏对象,在 Unity 脚本中使用 GameObject 类来设置游戏对象的参数和对对象进行各种操作。

GameObject 类是 Unity 中一个非常重要的类,游戏对象的创建、销毁、消息发送、查找游戏对象、组件的访问都可以通过 GameObject 类来实现。

表 5-8 列出了 GameObject 类中常用的成员变量,完整的成员变量列表可以查看用户手册。

表 5-8　GameObject 类中常用成员变量

| 变　量　名　称 | 作　　用 |
|---|---|
| name | 继承于父类 Object,对象的名称 |
| tag | 游戏对象的标签 tag |
| layer | 游戏对象所在的层 layer,范围为[0…31] |
| activeSelf | 游戏对象自身的激活状态 |
| transform | 游戏对象上的 Transform 组件,设置对象位置,旋转、缩放 |
| rigidbody | 游戏对象上的 Rigidbody 组件,设置物理引擎的刚体属性 |
| camera | 游戏对象上的 Camera 组件,设置相机属性 |
| light | 游戏对象上的 Light 组件,设置灯光属性 |

| 变　量　名　称 | 作　　　用 |
| --- | --- |
| animation | 游戏对象上的 Animation 组件,设置动画属性 |
| renderer | 游戏对象上的 Renderer 组件,渲染物体模型 |
| audio | 游戏对象上的 AudioSource 组件,设置声音属性 |

表 5-9 列出了 GameObject 类中常用成员函数,完整的函数列表可以查看用户手册。

**表 5-9　GameObject 类中常用成员函数**

| 函　数　名　称 | 作　　　用 |
| --- | --- |
| Find | 静态函数,根据名称查找游戏对象 |
| FindWithTag | 静态函数,根据标签查找第一个符合条件的游戏对象 |
| FindGameObjectsWithTag | 静态函数,根据标签查找所有符合条件的游戏对象 |
| CreatePrimitive | 静态函数,创建一个基本形体的游戏对象(例如立方体,球体等) |
| SetActive | 激活/取消激活游戏对象 |
| GetComponent | 获取游戏对象上指定类型的组件 |
| GetComponentInChildren | 获取游戏对象或其子对象上指定类型的第一个组件 |
| GetComponents | 获取游戏对象上指定类型的所有组件 |
| GetComponentsInChildren | 获取游戏对象及其子对象上指定类型的所有组件 |
| AddComponent | 为游戏对象添加指定组件 |
| SendMessage | 调用游戏对象上所有 MonoBehaviour 的指定名称方法 |
| SendMessageUpwards | 调用游戏对象及其所有父对象上所有 MonoBehaviour 的指定名称方法 |
| BroadcastMessage | 调用游戏对象及其所有子对象上所有 MonoBehaviour 的指定名称方法 |
| CompareTag | 比较游戏对象的标签 |

表 5-10 列出了 GameObject 类继承自 Object 类的常用函数,完整的函数列表可以查看用户手册。

**表 5-10　GameObject 类继承自 Object 类的常用函数**

| 函　数　名　称 | 作　　　用 |
| --- | --- |
| Destroy | 删除一个游戏物体、组件或资源 |
| DestroyImmediate | 立即销毁物体 obj,强烈建议使用 Destroy 替代 |
| Instantiate | 克隆原始物体,并返回克隆的物体 |
| DontDestroyOnLoad | 加载新场景的时候使目标物体不被自动销毁 |
| FindObjectOfType | 返回 Type 类型第一个激活的加载的物体 |

以下是使用 C♯ 脚本对游戏对象操作的例子:

```
GameObject obj;

void Start()
{
    obj = GameObject.Find("Cube");
```

```
//查找游戏场景中名字为 Cube 的游戏物体
obj = GameObject.FindWithTag("TagName");
//通过标签 TagName 查找游戏场景中的游戏物体

obj.SendMessage("MethodName", SendMessageOptions.DontRequireReceiver);
//在这个游戏物体上的所有 MonoBehaviour 上调用名称为 MethodName 的方法。

Transform trans = obj.GetComponent<Transform>();
//获取游戏物体 obj 上的 Transform 组件
obj.AddComponent<Light>();
//为游戏物体 obj 添加 Light(灯光)组件

GameObject.Instantiate(obj, Vector3.zero, Quaternion.identity);
//在场景中实例化一个 obj 游戏物体,物体的坐标为原点,并且物体没有旋转
GameObject.Destroy(obj);
//删除游戏物体 obj


}
```

以上例子只列举了 GameObject 类中的部分函数的使用方法,其他函数的使用方法请参考官方文档的脚本参考。

### 2. Transform 组件应用

Transform 组件是每个游戏对象必不可少的组件,可见其重要性。Transform 组件负责游戏对象的位置、旋转、缩放,并且负责维持父子关系。如图 5-16 所示。

(1) 位置信息(Position)。(X,Y,Z)代表游戏物体在三维世界坐标系中的坐标。

图 5-16　Transform 组件

(2) 旋转信息(Rotation)。( X,Y,Z )代表游戏物体在三维世界坐标系分别绕 X 轴的旋转角度,绕 Y 轴旋转的角度,及绕 Z 轴旋转的角度。

(3) 缩放信息(Scale)。(X,Y,Z)代表游戏物体在 X 轴向、Y 轴向及 Z 轴向上的缩放。

在 Hierarchy 视窗中,通过把一个游戏对象拖放到另一个游戏对象之上来创建父物体,这样便创建一个父子关系来关联这两个游戏对象。如图 5-17 所示。

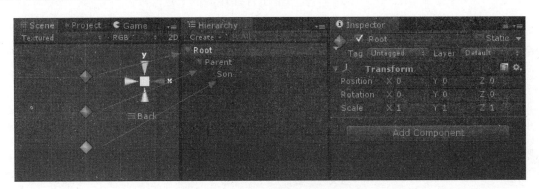

图 5-17　具有父子关系的游戏物体

当一个游戏对象是另一个游戏对象的父物体时,其子游戏对象会随着父游戏对象移动、旋转和缩放。任何物体都可以有多个子物体,但只能有一个父物体。通过构建物体间的父子关系,在开发过程中便利许多。

当物体间建立了父子关系,那么 Transform 中的属性相应会变为相对于父物体的属性。

表 5-11 列出了 Transform 组件常用属性,完整的属性列表可以查看官方文档的脚本参考。

表 5-11　Transform 组件常用属性

| 属 性 名 称 | 作　　　　用 |
| --- | --- |
| position | 在世界坐标系中,transform 的位置 |
| localPosition | 相对于父级的变换的位置 |
| eulerAngles | 世界坐标系中以欧拉角表示的旋转 |
| localEulerAngles | 相对于父级的变换的旋转欧拉角度 |
| rotation | 在世界坐标系中物体变换的旋转角度作为 Quaternion 储存 |
| parent | 返回物体变换的父级 |
| root | 返回最高层次的游戏物体的变换 |

表 5-12 列出了 Transform 类中的常用函数,完整的函数列表请参考官方文档的脚本参考。

表 5-12　Transform 类中的常用函数

| 函 数 名 称 | 作　　　　用 |
| --- | --- |
| Translate | 按指定的方向和距离平移 |
| Rotate | 按指定的欧拉角旋转 |
| RotateAround | 按给定旋转轴和旋转角度旋转 |
| LookAt | 旋转使得自身的前方向指向目标的位置 |
| Find | 通过名字查找子物体并返回,返回值类型为 transform |
| IsChildOf | 判断是否是指定对象的子对象 |
| TransformDirection | 将一个向量从局部坐标系变换到世界坐标系 |
| TransformPoint | 将一个位置从局部坐标系变换到世界坐标系 |
| InverseTransformDirection | 将一个方向从世界坐标系变换到局部坐标系 |
| InverseTransformPoint | 将一个位置从世界坐标系变换到局部坐标系 |

以下是使用 C#脚本对游戏对象的 Transform 组件操作的例子:

```
public float speed = 10f; //旋转速度
Transform trans;

void Start()
{
    trans = transform.Find("Cube");
//查找当前脚本所在的物体的子物体中名字为 Cube 的游戏物体的 Transform 组件,并赋值给 trans
    Vector3 localPosition = new Vector3(2.0f, 0, 1.0f);
//设为相对于当前游戏对象的位置(也可以理解为相对于当前游戏对象的向量)
```

```
        Vector3 worldPositon = transform.TransformPoint(localPosition);
//将相对于当前游戏物体的一个位置 localPosition 转化为在世界坐标系中的位置
        worldPositon = transform.TransformDirection(localPosition);
//将相对于当前游戏物体的一个向量 localPosition 转化为世界坐标系中的向量
    }

    void Update()
    {
        trans.Translate(0, 0, Time.deltaTime);　//物体沿 z 轴移动
        trans.Rotate(Vector3.up * Time.deltaTime * speed);//物体绕 y 轴旋转

    }
```

以上例子只列举了 Transform 类中的部分函数的使用方法,其他函数的使用方法请参考官方文档的脚本参考。

### 3. 使用脚本访问组件

在本书的第三章中已经介绍了组件的类型以及组件的添加方法,本节主要讨论如何通过脚本访问组件。

组件 Component 是 Unity 十分重要的概念和组成部分,一个组件可以视作一个功能模块,游戏对象 GameObject 则是组件的容器,一个游戏对象可以包含一个或多个组件。通过组件的相互组合,构成游戏里各个功能各异的游戏对象。用户编写的脚本也是组件,因此它可以添加到游戏对象上和其他组件协同发挥作用。游戏对象的基本功能都是通过组件来实现的,因此在脚本中经常需要访问游戏对象的组件和修改组件的参数。在 Unity 中,脚本可以视为一种用户自定义的组件,游戏对象可视做容纳组件的容器。

如果要访问组件,或者访问游戏对象上的脚本(脚本属于自定义组件),可以通过表 5-13 中的函数来得到组件的引用。

表 5-13　组件相关函数

| 函　数　名 | 作　　　用 |
| --- | --- |
| GetComponent | 得到指定名称的组件 |
| GetComponents | 得到组件列表(用于有多个同类型组件的时候) |
| GetComponentInChildren | 得到对象或对象子物体上的组件 |
| GetComponentsInChildren | 得到对象或对象子物体上的组件列表 |

如果要通过脚本给游戏对象添加组件,可以执行 AddComponent 命令。

以下是使用 C♯ 脚本访问对象组件的简单例子：

新建一个空场景,创建一个空游戏对象和一个方块几何体,将它们的位置分开,单击工程视图中的 Create→C♯ Script 创建一个 C♯ 脚本,将其命名为"ComponentTest",将脚本文件拖动到场景中的空对象"GameObject"上,并在脚本中使用如下代码：

```
public class ComponentTest：MonoBehaviour
{
```

```
public MeshRenderer meshRenderer;
public MeshFilter meshFilter;
public MeshRenderer cubeRenderer;
public MeshFilter cubeFilter;
public GameObject cube;

void Start()
{
    //获取方块物体及组件
    cube = GameObject.Find("Cube");
    cubeRenderer = cube.GetComponent<MeshRenderer>();
    cubeFilter = cube.GetComponent<MeshFilter>();

    //为空对象物体添加网格组件
    gameObject.AddComponent<MeshRenderer>();
    gameObject.AddComponent<MeshFilter>();

    //获取空物体网格组件
    meshFilter = gameObject.GetComponent <MeshFilter>();
    meshRenderer = gameObject.GetComponent <MeshRenderer>();

    //将方块的网格组件中的属性复制给空物体的网格组件
    meshFilter.mesh = cubeFilter.mesh;
    meshRenderer.material = cubeRenderer.material;
}
}
```

运行游戏,会发现场景中的空对象变成了 Cube 的样子,如图 5-18 所示。

**图 5-18 运行结果**

## 5.7　常用脚本 API

### 1. Time 类

Time 类是在 Unity 中获取时间信息的接口，可以用来计算时间的消耗，具有调整时间的缩放等功能。

Time 类的成员变量如表 5 - 14 所示。

**表 5 - 14　Time 类的成员变量**

| | |
|---|---|
| time | 游戏从开始到现在经历的时间(秒)(只读) |
| deltaTime | 上一帧消耗的时间(只读) |
| fixedTime | 最近 FixedUpdate 的时间。该时间从游戏开始计算 |
| fixedDeltaTime | 物理引擎和 FixedUpdate 的更新时间间隔 |
| timeSinceLevelLoad | 此帧的开始时间(只读)。这是以秒计算到最后的关卡已经加载完的时间 |
| maximumDeltaTime | 一帧消耗的最大时间。物理和其他固定帧速率更新 |
| smoothDeltaTime | Time. deltaTime 的平滑淡出 |
| timescale | 传递时间的缩放。这可以用于制作减慢运动效果 |
| frameCount | 已渲染的帧的总数(只读) |
| realtimeSinceStartup | 以秒计，自游戏开始的实时时间(只读)，该时间不会受 timeScale 影响 |
| captureFramerate | 固定帧率设置 |

### 2. Random 类

该类用于产生随机数。Random 类的成员变量如表 5 - 15 所示。

**表 5 - 15　Random 类的成员变量**

| | |
|---|---|
| seed | 随机数生成器的种子 |
| value | 返回一个 0~1 之间的随机浮点数，包含 0 和 1 |
| insideUnitSpere | 返回位于半径为 1 的球体内的一个随机点(只读) |
| insideUnitCircle | 返回位于半径为 1 的圆内的一个随机点(只读) |
| onUnitSphere | 返回半径为 1 的球面上的一个随机点(只读) |
| rotation | 返回一个随机旋转(只读) |
| rotationUniform | 返回一个均匀分布的随机旋转(只读) |

Random 类的成员函数如表 5 - 16 所示。

**表 5 - 16　Random 类的成员函数**

| | |
|---|---|
| Range | 返回 min 和 max 之间的一个随机浮点数，包含 min 和 max |
| Range | 返回 min 和 max 之间的一个整数，包含 min，但不包含 max |

### 3. Mathf 类

Mathf 提供数学计算的函数与常量,包含所有数学计算时需要用到的函数。表 5-17 和表 5-18 分别列出了常用的变量和方法,完整的方法列表请参考官方文档的脚本参考。

表 5-17    Mathf 类的变量(只读)

| | |
|---|---|
| PI | 圆周率 $\pi$,即 3.141 592 6…(只读) |
| Infinity | 正无穷大∞(只读) |
| NegativeInfinity | 负无穷大−∞(只读) |
| Deg2Rad | 度到弧度的转换系数(只读) |
| Rad2Deg | 弧度到度的转换系数(只读) |
| Epsilon | 一个很小的浮点数(只读) |

表 5-18    Mathf 类的常用方法

| | |
|---|---|
| Sin | 计算角度(单位为弧度)的正弦值 |
| Cos | 计算角度(单位为弧度)的余弦值 |
| Tan | 计算角度(单位为弧度)的正切值 |
| Asin | 计算反正弦值(返回的角度值单位为弧度) |
| Acos | 计算反余弦值(返回的角度值单位为弧度) |
| Atan | 计算反正切值(返回的角度值单位为弧度) |
| Sqrt | 计算平方根 |
| Abs | 计算绝对值 |
| Min | 返回最小值 |
| Max | 返回最大值 |
| Pow | Pow(f,p)返回 f 的 p 次方 |
| Exp | Exp(p)返回 e 的 p 次方 |
| Log | 计算对数 |
| Log10 | 计算基为 10 的对数 |
| Clamp | 将数值限制在 min 和 max 之间 |
| Clamp01 | 将数值限制在 0~1 之间 |
| Ceil | Ceil(f)返回大于或等于 f 的最小整数 |
| Floor | Floor(f)返回小于或等于 f 的最大整数 |
| Round | Round(f)返回浮点数 f 进行四舍五入得到的整数 |

# 5.8    输入控制

### 1. Input 的功能和常用类成员

Unity 提供了一个强大的并且非常易用的用于处理输入信息的类:Input,它可以处理鼠标、键盘、遥感、手柄等外设,也可以处理 IOS/Android 等移动设备的触摸输入信息。通过编写脚本接收这些信息,完成与用户的交互。

需要注意是 Unity 所有输入信息的更新是在 Update 方法中完成的,因此需要将处理输入相关的脚本放在 Update 方法中。

表 5-19 中列出了 Input 类常用变量,完整的变量列表请参考官方文档的脚本手册。

**表 5-19 Input 类中的常用变量**

| 变 量 名 | 作 用 |
| --- | --- |
| mousePosition | 鼠标位置的像素坐标(只读) |
| anyKey | 是否有按键按下(只读) |
| anyKeyDown | 当有任意按键按下的第一帧返回 true(只读) |
| inputString | 得到当前帧的键盘输入字符串(只读) |
| touches | 当前所有触摸状态列表(只读)(分配临时变量) |
| touchCount | 当前所有触摸列表长度(只读) |
| multiTouchEnabled | 系统是否支持多点触控 |
| gyro | 返回默认的陀螺仪 |
| compensateSensors | 是否需要根据屏幕方向补偿感应器 |

表 5-20 中列出了 Input 类中的常用函数,完整的函数列表请参考官方文档的脚本手册。

**表 5-20 Input 类中的常用函数**

| 函 数 名 | 作 用 |
| --- | --- |
| GetAxis | 根据名称得到虚拟输入轴的值 |
| GetAxisRaw | 根据名称得到虚拟坐标轴的未使用平滑过滤值 |
| GetButton | 指定名称的虚拟按键被按下,那么返回 true |
| GetButtonDown | 指定名称的虚拟按键被按下的那一帧返回 true |
| GetButtonUp | 指定名称的虚拟按键被松开的那一帧返回 true |
| GetKey | 当指定的按键被按下时返回 true |
| GetKeyDown | 当指定的按键被按下的那一帧返回 true |
| GetKeyUp | 当指定的按键被松开的那一帧返回 true |
| GetMouseButton | 指定的鼠标按键按下时返回 true |
| GetMouseButtonDown | 指定的鼠标按键按下的那一帧返回 true |
| GetMouseButtonUp | 指定的鼠标按键松开的那一帧返回 true |
| GetTouch | 返回指定的触摸数据对象(不分配临时变量) |
| ResetInputAxes | 重置所有输入,调用该方法之后所有方向轴和按键的数值都变为 0 |

### 2. 鼠标输入

在桌面系统的游戏中,鼠标输入是最基本的输入方式之一。很多游戏操作都需要鼠标来完成,比如点击菜单、旋转视角、武器瞄准和开火等。

在 Input 类中与鼠标输入相关的方法和变量请参阅表 5-21。

表 5-21  **Input 类中和鼠标输入有关的变量和方法**

| mousePosition | 得到当前鼠标的位置 |
|---|---|
| GetMouseButtonDown | 指定的鼠标按键按下的那一帧返回 true |
| GetMouseButton | 指定的鼠标按键按下时返回 true |
| GetMouseButtonUp | 指定的鼠标按键松开的那一帧返回 true |
| GetAxis("Mouse X") | 得到一帧内鼠标在水平方向的移动距离 |
| GetAxis("Mouse Y") | 得到一帧内鼠标在垂直方向的移动距离 |

在 Unity 中,mousePosition(鼠标位置)用屏幕的像素坐标表示,屏幕左下角为坐标原点(0,0),右上角为(Screen. width,Screen. height),其中 Screen. width 为屏幕分辨率的宽度,Screen. height 为屏幕分辨率的高度。

mousePosition 的类型为 Vector3,其中 X、Y 分别对应水平坐标和垂直坐标,Z 始终为 0。

GetMouseButtonDown,GetMouseButton,GetMouseButtonUp 这三个方法需要传入参数来判断鼠标的哪个键响应,0 对应鼠标左键,1 对应鼠标右键,2 对应鼠标中键。

以下是使用 C♯脚本处理鼠标的一些示例:

鼠标单击事件响应,并将鼠标当前位置输出到控制台。

```csharp
void Update()
{
    if(Input.GetMouseButtonDown(0))
    {
        Debug.Log("鼠标左键按下");
    }

    if(Input.GetMouseButton(1))
    {
        Debug.Log("鼠标右键一直按着");
    }

    if(Input.GetMouseButtonUp(2))
    {
        Debug.Log("鼠标中键抬起");
    }
    Debug.Log("当前鼠标位置为:" + Input.mousePosition);
}
```

脚本运行结果如图 5-19 所示。

使用虚拟轴来旋转模型。

```csharp
void Update()
{
    float h = Input.GetAxis("Mouse X");
    //鼠标左右移动的数值用来表示绕 y 轴旋转的角度
    float v = Input.GetAxis("Mouse Y");
```

//鼠标上下移动的数值用来表示绕 x 轴旋转的角度

transform.Rotate( v, h, 0);
//物体根据鼠标的移动来进行旋转
}

图 5-19　鼠标输入运行结果

### 3. 键盘输入

键盘事件是桌面系统中的基本输入事件。和键盘有关的输入事件有按键按下、按键长按、按键释放,在 Input 类中相关的处理方法可以参阅表 5-22。

表 5-22　Input 类中键盘的输入方法

| GetKey | 按键按下期间返回 true |
| --- | --- |
| GetKeyDown | 按键按下的第一帧返回 true |
| GetKeyUp | 按键松开的第一帧返回 true |
| GetAxis("Horizontal") | 用左右方向键或 A、D 键来模拟-1 到 1 的平滑输入 |
| GetAxis("Vertical") | 用上下方向键或 W、S 键来模拟-1 到 1 的平滑输入 |

其中 GetKey 方法、GetKeyDown 方法、GetKeyUp 方法需要通过传入按键名称字符串或者按键编码 KeyCode 来指定要判断的按键。表 5-23 提供了常用的按键名与 KeyCode 编码,完整的按键编码请查阅用户手册。

表 5-23　常用按键的按键名与 KeyCode 编码

| 键盘按键 | Name | KeyCode |
| --- | --- | --- |
| 字母键 A、B、C …Z | a、b、c …z | A、B、C …Z |
| 数字键 0~9 | 0~9 | Alpha0~Alpha9 |
| 功能键 F1~F12 | f1~f12 | F1~F12 |

| 键盘按键 | Name | KeyCode |
|---|---|---|
| 退格键 | backspace | Backspace |
| 空格键 | space | Space |
| 回车键 | return | Return |
| 退出键 | esc | Esc |
| Tab 键 | tab | Tab |
| 上下左右方向键 | up、down、left、right | UpArrow、 DownArrow、LeftArrow、RightArrow |
| 左、右 Shift 键 | left shift、right shift | LeftShift、RightShift |
| 左、右 Alt 键 | left alt、right alt | LeftAlt、RightAlt |
| 左、右 Ctrl 键 | left ctrl、right ctrl | LeftCtrl、RightCtrl |

以下是使用 C♯ 脚本来处理键盘按键事件的示例：

（1）编写键盘按键事件响应：

```
void Update()
{
    if(Input.GetKeyDown("up"))
    {
        Debug.Log("按下键盘上方向键");
    }
    if(Input.GetKey(KeyCode.Alpha1))
    {
        Debug.Log("长按数字键 1");
    }
    if(Input.GetKeyUp(KeyCode.Alpha1))
    {
        Debug.Log("松开数字键 1");
    }
}
```

脚本运行效果如图 5-20 所示。

（2）用键盘 AWSD 按键或者方向键控制游戏物体在 X-Z 平面上移动（将脚本添加到游戏物体上）。

```
void Update()
{
    float h = Input.GetAxis("Horizontal");
    //键盘 A、D(或者左、右方向键)控制物体的旋转,h 的取值范围在-1~1 之间

    float v = Input.GetAxis("Vertical");
    //键盘 W、S(或者上、下方向键)控制物体的前后移动,v 的取值范围在-1~1 之间
    transform.Translate(0, 0, v * Time.deltaTime);
```

//控制游戏物体移动

transform.Rotate(0, h * Time.deltaTime, 0);
//控制游戏物体绕 y 轴旋转
}

**图 5 - 20　键盘事件处理**

# 第6章
# Shuriken 粒子系统(适用专业：视觉艺术、综合应用)

## 6.1 Shuriken 粒子系统概述

Unity 粒子系统分为老粒子系统和 Shuriken 粒子系统,老粒子系统是 Unity 3.5 以前的粒子系统,它是由多个组件组成、添加及调整过程烦琐、粒子属性通过固定数值调整、仿真预览过程很难得到精确效果的仿真控制。Shuriken 粒子系统是 Unity 在 3.5 版本之后新推出的粒子系统,它采用模块化管理,个性化的粒子模块配合粒子曲线编辑器使用户更容易创作出各种缤纷复杂的粒子效果。

首先,打开 Unity 软件,打开\chapter06\F18 工程中的 FA18 场景,依次选择菜单栏中的"GameObject→Create Other→Particle System"项,新建一个名为 Particle System 的游戏对象,如图 6-1、图 6-2 所示。

**图 6-1 新建粒子系统**

注：创建粒子系统的另一种方法：选择菜单栏中"GameObject→Creat Empty"选项,选中此空物体,然后通过依次选择菜单栏中的"Component→Effect→Particle System"项,添加粒子系统组件。

图 6-2　ParticleSystem 默认效果

## 6.2　Shuriken 粒子系统的控制面板

粒子系统的控制面板主要由 Inspector 视图中 Particle System 组件的属性面板及 Scene 视图中的 Particle Effect 两个面板组成。虽然 Shuriken 将粒子系统集成为一个组件，但是它依然遵循粒子系统的构建理论：发生、衍变和渲染。在不同的阶段，控制粒子效果的时候，需要选择好合适的模块组合，对这些模块进行一个大致的归类：发射控制类模块、动画控制类模块、渲染控制类模块。

在 Hierarchy 视图中选中 Particle System 游戏对象，即可在 Inspector 视图中查看 Particle Syetem 组件的属性参数，如图 6-3 所示。

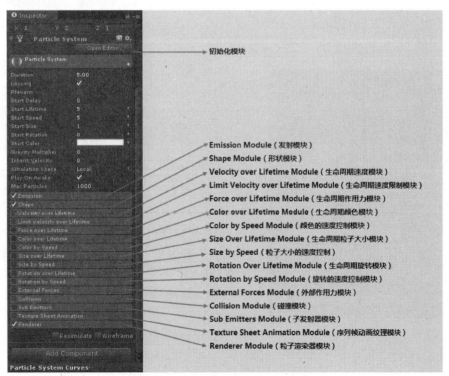

图 6-3　Shuriken 粒子功能模块

在 Scene 窗口中的 Particle Effect 子窗口,如图 6-4
所示。此面板用于控制粒子的仿真过程。

**1. Pause(单击一下变成 Simulate)或 Simulate 按钮**

控制当前粒子暂停或开始仿真。

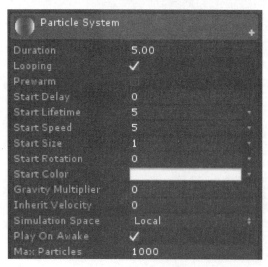

图 6-4　**Particle Effect** 窗口

**2. Stop 按钮**

停止仿真。

**3. Playback Speed**

粒子仿真的速度,默认状态下为 1,表示与场景时间保持一致。其数值表示粒子仿真的快慢,是场景时间的倍数。设置为 0.5 的时候,粒子仿真的速度为场景时间的一半,即粒子仿真变慢;若设置为 2,即表示粒子是粒子系统的 2 倍。

**4. Playback Time**

当前粒子仿真的时刻,从开始仿真的时刻开始计时。点击 Stop 后,置为零,表示重新开始仿真。在 Pause 状态下,可以直接输入 Time 值,显示粒子在此时刻的状态。

# 6.3　Shuriken 粒子系统的参数讲解

**1. 初始化模块(Initial Module)**

该模块是粒子系统必须保留的模块(见图 6-5),无法将其禁用。它决定了粒子的初始化状态,如发射持续时间、粒子初始大小、初始速度、初始生命周期、颜色等。

参数名含义如下:

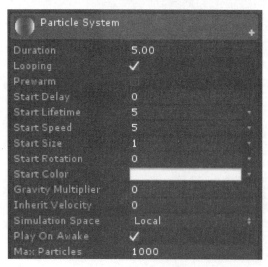

图 6-5　**Initial Module**

(1) 持续时间(Duration):粒子系统发射粒子的持续时间。

(2) 循环(Looping):粒子系统是否循环播放。

(3) 预热(Prewarm):当 looping 开启时,才能启动预热。若开启粒子预热,则粒子系统在游戏运行初始时就已经发射粒子,看起来就像它已经发射了一个粒子周期一样,只有在开启粒子系统循环播放的情况下才能开启此项。

(4) 初始延迟(Start Delay):游戏运行后延迟多少秒后才开始发射粒子。注意在预热启用时不能使用此项。

(5) 初始生命(Start Lifetime):以秒为单位,粒子存活数量。

(6) 初始速度(Start Speed):粒子发射时的初始速度。

(7) 初始大小(Start Size):粒子发射时的初始大小。

(8) 初始旋转(Start Rotation)：粒子发射时的旋转角度。

(9) 初始颜色(Start Color)：粒子发射时的初始颜色。

(10) 重力修改器(Gravity Modifier)：粒子在发射时受到的重力影响。

(11) 继承速度(Inherit Velocity)：对于移动中的粒子系统,将其移动速率应用到新生成的粒子。

(12) 模拟空间(Simulation Space)：粒子系统的坐标在自身坐标系还是世界坐标系。

(13) 唤醒时播放(Play On Awake)：如果启用粒子系统当在创建时,自动开始播放。

(14) 最大粒子数(Max Particles)：粒子发射的最大数量。

### 2. 发射模块(Emission Module)

控制粒子发射时的速率,在粒子系统存续期间可以在某个时间生成大堆粒子(模拟爆炸),如图 6-6 所示。

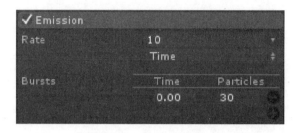

图 6-6 Emission Module

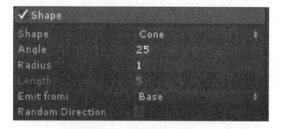

图 6-7 Shape Module

### 3. 发射器形状模块(Shape Module)

发射器形状内部随机位置生成,并能提供初始的力,该力的方向将沿表面法线或随机方向发射,如图 6-7 所示。

(1) 球体(Sphere)

① 半径(Radius)：球体的半径。

② 从外壳发射(Emit from Shell)：从球体外壳发射粒子。

③ 随机方向(Random Direction)：随机方向或是沿表面法线。

(2) 半球(Hemisphere)

① 半径(Radius)：半椭圆的半径。

② 从外壳发射(Emit from Shell)：从半椭圆外壳发射。

③ 粒子方向(Random Direction)：开启或关闭该选项,可使粒子沿随机方向或是沿表面法线发射。

(3) 锥体(Cone)喇叭

① 角度(Angle)：圆锥的角度(喇叭口)。如果是 0,粒子将沿一个方向发射(直筒)。

② 半径(Radius )：发射口半径。

(4) 立方体(Box)

① Box X：X 轴的缩放值。

② Box Y：Y 轴的缩放值。

③ Box Z：Z 轴的缩放值。

④ 随机方向(Random Direction)：粒子将沿一个随机方向发射(取消：沿 Z 轴发射)。

(5) 网格(Mesh)

① 类型(Type)：粒子将从顶点(Vertex)、边(Edge),或三角面(Triangle)发射。

② 网格(Mesh)：选择一个面作为发射面。

③ 随机方向(Random Direction)：粒子发射将随机方向或是沿表面法线。

### 4. 生命周期的速度模块(Velocity Over Lifetime Module)

粒子的直接动画路径,如图6-8所示(通常用于复杂物理粒子,不过是简单的视觉行为和物理世界的小互动,如飘荡的烟雾和气温降低)。

图6-8　Velocity Over Lifetime

图6-9　Limit Velocity Over Lifetime

(1) XYZ:使用常量曲线或在曲线中随机去控制粒子的运动。

(2) Space:可选择速度值在局部还是世界坐标系。

### 5. 生命周期的限制速度模块(Limit Velocity Over Lifetime Module)

基本上被用于模拟的拖动。如果有了确定的阀值,将抑制或固定速率。可以通过坐标轴或向量调整,如图6-9所示。

(1) 分离轴(Separate Axis):用于每个坐标轴控制。

(2) 速度(Speed):指定常量或曲线来限制所有方向轴的速度。

(3) XYZ:用不同的轴分别控制。见最大最小曲线。

(4) 阻尼(Dampen):0~1的值确定多少过度的速度将被减弱。(若值为0.5,表示将以50%的速率降低速度)

### 6. 生命周期的受力模块(Force Over Lifetime)

生命周期的受力模块如图6-10所示。

(1) XYZ:使用常量或随机曲线来控制作用于粒子上面的力。

(2) Space:Local自己的坐标系,World世界的坐标系。

(3) 随机(Randomize):每帧作用在粒子上面的力都是随机产生的。

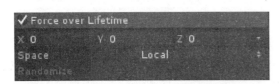

图6-10　Force Over Lifetime

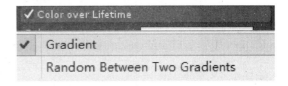

图6-11　Color Over Lifetime

### 7. 生命周期的颜色模块(Color Over Lifetime)

控制每个粒子在其生命周期内的颜色变化,如图6-11所示。

(1) Gradient:控制每个粒子生命周期的颜色(与初始颜色叠加)。粒子存活时间越短变化越快。

(2) Random Between Two Gradient:两种颜色随机比例互相叠加。

### 8. 颜色速度模块(Color By Speed Module)

使粒子颜色根据其速度动画化即依照其自身的速度变化而变化。为颜色在1个特定范围内重新指定速度。如图6-12所示。

(1) 颜色(Color):使用渐变色来指定各种颜色。

（2）速度范围(Speed Range)：min 和 max 值用来定义颜色速度范围。

图 6-12　Color By Speed

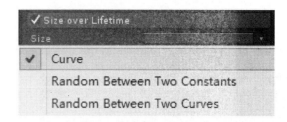

图 6-13　Size Over Lifetime

### 9. 生命周期的大小模块(Size Over Lifetime)

控制粒子在其生命周期内的大小变化，如图 6-13 所示。

大小(Size)：控制每个粒子在其生命周期内的大小。曲线，随机双曲线或随机范围数值。

### 10. 存活时间的大小速度模块(Size By Speed)

让每个粒子的大小依照自身速度变化而变化，如图 6-14 所示。

（1）大小(Size)：大小用于指定速度。用曲线表示各种大小。

（2）速度范围(Speed Range)：min 和 max 值用来定义大小速度范围。

图 6-14　Size By Speed

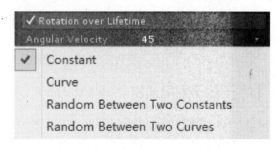

图 6-15　Rotation Over Lifetime

### 11. 生命周期的旋转速度模块(Rotation Over Lifetime Module)

以度为单位指定值。如图 6-15 所示。

旋转速度(Rotational Speed)：控制每个粒子在其存活期间内的旋转速度。使用常量，曲线，2 曲线随机。

### 12. 旋转速度模块(Rotation By Speed)

旋转速度模块如图 6-16 所示。

（1）旋转速度(Rotational Speed)：用来重新测量粒子的速度。使用曲线表示各种速度。

（2）速度范围(Speed Range)：为 min 和 max 值用来定义旋转速度范围。

图 6-16　Rotation By Speed

图 6-17　External Forces

### 13. 外部作用力模块(External Forces)

此模块可控制风域的倍增系数，如图 6-17 所示。

Multiplier：倍增系数。风域对每一个粒子均产生影响,倍增系数越大影响越大。

### 14. 碰撞模块(Collision)

为粒子系统建立碰撞效果。目前只支持平面碰撞,对于进行简单的碰撞检测效率非常高,如图 6 - 18 所示。

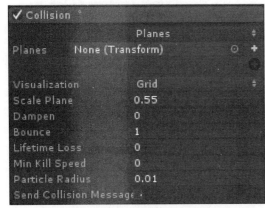

图 6 - 18    Collision Module

（1）平面(Planes)：Planes 被定义为指定引用,可以动画化。如果多个面被使用,Y 轴作为平面的法线。

（2）阻尼(Dampen)：取值为 0~1 在碰撞后变慢。

（3）反弹(Bounce)：取值为 0~1 当粒子碰撞后的反弹力度。

（4）生命减弱(Lifetime Loss)：(0~1)每次碰撞生命减弱的比例。0,碰撞后粒子正常死亡。1,碰撞后粒子立即死亡。

（5）可视化(Visualization)：可视化平面：网格还是实体

① 网格(Grid)：在场景渲染为辅助线框。

② 实体(Solid)：在场景渲染为平面。

（6）缩放平面(Scale Plane)：重新缩放平面。

（7）Min Kill Speed：为粒子限制一个最小的消亡速度,当粒子碰撞后速度小于这个值。这个粒子哪怕生命周期尚未结束,也将被清除。

（8）Particle Radius：参数定义粒子碰撞时用于计算的粒子半径。

### 15. 子粒子发射模块(Sub Emitter)

可以生成其他粒子系统,如图 6 - 19 所示。

（1）出生(Birth)：在粒子出生的时候生成其他粒子系统。

（2）死亡(Death)：在粒子死亡的时候生成其他粒子系统。

（3）碰撞(Collision)：在粒子碰撞的时候生成其他粒子系统。

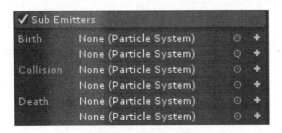

图 6 - 19    Sub Emitter

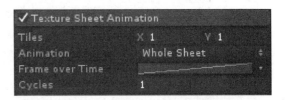

图 6 - 20    Texture Sheet Animation

### 16. 纹理层动画模块(Texture Sheet Animation)

在粒子生命周期内动画化 UV 坐标。动画每帧可以显示在表格或 1 个表格的每行,这样将动画分开。每帧可以用曲线动画或者在 2 个曲线取随机,如图 6 - 20 所示。

（1）平铺(Tiles)：定义纹理的平铺。

（2）动画(Animation)：指定动画类型：整个表格或是单行。

（3）整个表(Whole Sheet)：为 UV 动画使用整个表格。

（4）时间帧(Frame over Time)：在整个表格上控制 UV 动画。使用常量,曲线,2 曲线随机。

(5) 单行(Single Row)：为 UV 动画使用表格单独一行。

(6) 随机行(Random Row)：如果选择第一行随机，不选择得指定行号(第一行是 0)

(7) 时间帧(Frame over Time)：在 1 个特定行控制每个粒子的 UV 动画。使用常量，曲线，2 曲线随机。

(8) 周期(Cycles)：指定动画速度。

### 17. 渲染器模块(Renderer)

渲染模块显示粒子系统渲染组件的属性，如图 6-21 所示。注意：即使一个游戏物体有渲染粒子系统组件，当此模块被删除/添加后，不影响粒子的其他属性。这个实际上是粒子系统渲染组件的添加和删除。

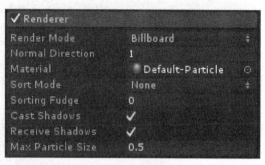

图 6-21　Renderer

(1) 渲染模式(Render Mode)：该项用于选择粒子渲染模式。

① 广告牌(Billboard)：让粒子永远面对摄像机。

② 拉伸广告牌(Stretched Billboard)：粒子将通过下面属性伸缩。

③ 水平广告牌(Horizontal Billboard)：让粒子沿 Y 轴对齐，面朝 Y 轴方向。

④ 垂直广告牌(Vertical Billboard)：当面对摄像机时，粒子沿 X、Z 轴对齐。

(2) 网格(Mesh)：粒子被渲染时使用 mesh 而不是 quad。

(3) 材质(Material)：用于指定渲染粒子的材质。

(4) 排序模式(Sort Mode)：绘画顺序可通过具体，生成早优先和生成晚优先。

(5) 排序校正(Sorting Fudge)：使用这个将影响绘画顺序。粒子系统带有较低 sorting fudge 值，会被最后绘制，从而显示在透明物体和其他粒子系统的前面。

(6) 投射阴影(Cast Shadows)：粒子能否投影是由材质决定的。只有非透明材质才可投射阴影。

(7) 接受阴影(Receive Shadows)：粒子能否接受阴影是由材质决定的。只有非透明材质才可接收阴影。

(8) 最大粒子大小(Max Particle Size)：设置最大粒子大小，相对于视窗大小。有效值为 0~1。

## 6.4　粒子系统案例

在场景中新建一个默认的 ParticleSystem 粒子系统，如图 6-22 所示。

根据要求调整粒子的发射方向。调节方向操作手法很直观，可以直接通过粒子物体 Transform 的 Rotation 属性进行调节，调节结果如图 6-23 所示。

战斗机尾气的粒子是朝一个方向发射，而且不发散。Unity 粒子系统中让粒子朝一个方向发射且不发散，方法不是唯一的，一般来说，当选择 Shape 模块，默认状态下该模块中的 Shape 属性为 Cone，只需要改变椎体参数 Angle 即可，当我们将参数调成 0 的时候，通过将 Radius 参数直接调为最小值来使得粒子更加聚集，调节参数观察效果如图 6-24 所示。更简单的办法是直接取消 Shape 模块的选择，当 Shape 模块并未激活的时候，粒子系统会根据 Rotation 变换，朝着某个方向直线发射粒子。

对于战斗机的尾气来说，需要高速的粒子，可以选择缩短粒子的生命周期，来缩短粒子路程。通过调大速度，同时减小粒子生命周期，以达到合适的路程，如图 6-25 所示。

为了能让粒子有一定的随机值，在 Start Lifetime 属性处选择 Random Between two Constants，并设置两个常数值 0.4 和 0，意味着粒子的生命周期在 0~0.4(以实际值为准)值之间取值，如图 6-26

所示。

图 6-22　新建粒子系统

图 6-23　调整粒子方向

根据图 6-26 可见,粒子的数量太少了,于是通过 Emission 模块增加粒子的数量,调节到大致满意,如图 6-27 所示。调节粒子数量的时候,同时注意一下 Initial Module 里面的 Max Particles 的数值,避免两者之间相互影响,从而产生粒子断断续续的效果。

现在需要创建一个材质,并为材质指定气状贴图。设置其 Shader 为"Particles"系列的 Shader。然后展开 Renderer 模块,将该材质拖动到 Material 属性中,如图 6-28 所示。

为了让粒子大小更加随机一些,仿真一些,随着时间的推移,离发射点远的粒子,尺寸应该变得小一些,对于这种演变过程的控制,可通过调整过程控制类的模块来实现。根据时间变化直接调整 Size Over Lifetime,激活该模块。调节合适的曲线,开始的时候较大,生命周期快结束时尺寸变小一些,现在

图 6-24　调整粒子发散现象

图 6-25　调整粒子路程

的样子就会显得仿真一些,尺寸调整结果如图 6-29 所示。

为了让同样的材质贴图,看起来效果却不相同,一般可以通过将粒子旋转属性做随机处理,设置 Start Rotation 为 Random Between Two Constants,并调节随机范围为 0～360,如图 6-30所示。

然后调整 Start Color,设定尾气的颜色,如图 6-31 所示。

为了让粒子能消失得比较自然,粒子颜色的演变控制的重要性就在此体现出来了。激活 Color Over Lifetime,单击 Color 的颜色框,弹出 Gradient 渐变窗口。将粒子生命周期的最末端的 Alpha 值设为 0,Alpha 透明值就会随着时间的推移趋近于 0,根据尾气颜色的规律,设置粒子的关键点颜色(见图 6-32),粒子调整完毕。

调节好尾气粒子以后,选择粒子,通过“Ctrl+D”组合键复制出另一个尾气粒子,并拖放至合适的位置,完成该特效制作,如图 6-33 所示。后期可根据实际情况进行细节调整,直至满意。

图 6-26 设置粒子初始大小

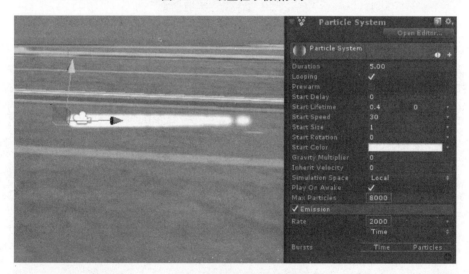

图 6-27 调节粒子数量

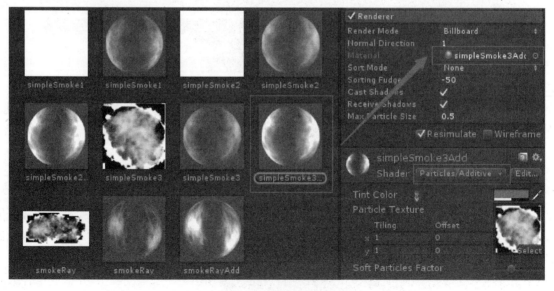

图 6-28 设置粒子材质

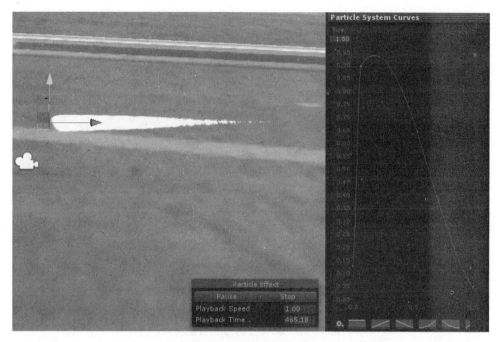

图 6-29　尺 寸 设 置

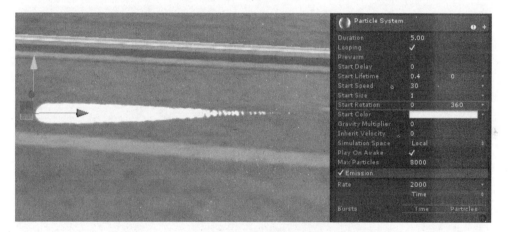

图 6-30　设置粒子旋转

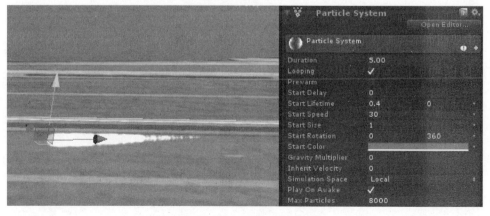

图 6-31　设定 Start Color

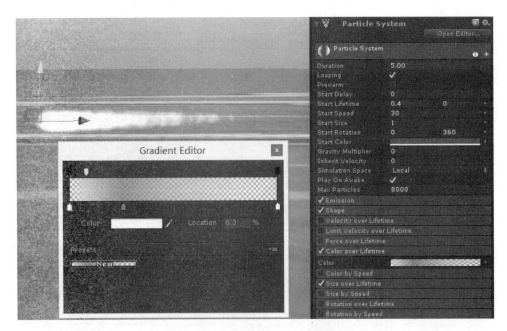

图 6‑32　设定 Color Over Lifetime

图 6‑33　尾气粒子特效

# 第7章
# Mecanim 动画系统

## 7.1 Mecanim 概述

Mecanim 是 Unity 提供的一个丰富而复杂的动画系统。它提供了：

(1) 类人角色动画的简单工作流程和设置。

(2) 动画重定向，即能够将一个角色模型的动画应用到另一个模型上。

(3) 简化工作流程以调整动画片段。

(4) 方便预览动画片段、在片段之间转换和交互。这样使得动画师的工作更加独立于程序员，在挂接游戏代码之前建立原型及预览动画。

(5) 使用可视化编程工具管理动画之间复杂的交互，如图 7-1 所示。

(6) 对身体不同部位用不同逻辑进行动画控制。

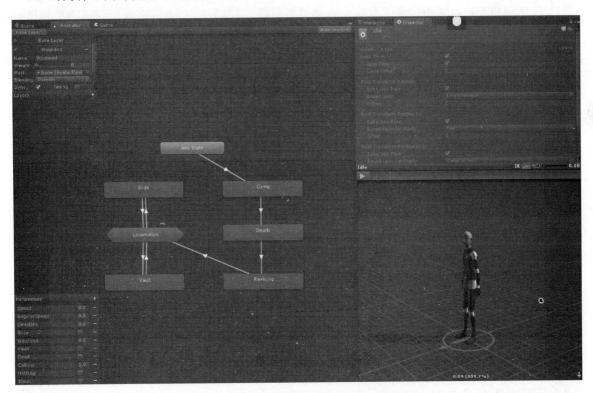

图 7-1 可视化的编程工具及动画预览视图

### 1. Mecanim 工作流程

Mecanim 工作流可以被分解为 3 个主要阶段：

（1）资源的准备和导入。这一阶段由美术师通过第三方工具来完成，例如 Max 或 Maya。这一步独立于 Mecanim 系统。

（2）角色的建立。主要有以下两种方式：

① 人形角色的设置。Mecanim 为类人模型提供特殊的工作流程，使用扩展的 GUI 支持及重定位。设置包含创建和设定一个 Avatar 以及调整肌肉线条。

② 一般角色设置。此方式专为生物、动画道具、四足动物之类的角色设计。重定位功能在此并不适用，但仍可以利用 Mecanim 的丰富功能集，包括下文描述的全部功能。

（3）赋予角色生命。这里包括设定动画片段及其相互间的交互作用，也包括建立状态机和混合树，调整动画参数以及通过代码控制动画等。

### 2. 旧版动画系统

虽然在大多数情况下推荐使用 Mecanim，特别是在使用类人动画时，但在很多情况下仍会使用旧动画系统。情形之一是处理旧版动画和代码（Unity 4.0 之前创建的内容）。另一个是使用参数而非时间来控制动画片段（例如控制瞄准角度）。Unity 公司正计划采用 Mecanim 动画系统逐步彻底替换旧版动画系统。

## 7.2　资源的准备和导入

为充分使用 Mecanim 类人动画系统和重定位，你需要有一个搭好骨架及蒙皮的类人网格。

（1）人形网格模型通常由三维资源包中的多边形组成，或在导出之前从更复杂的网格类型转换成多边形或者三角网格。

（2）为了控制角色运动，必须创建一个定义网格内部骨骼及其相互之间运动关系的关节层级或骨架。创建关节层级的过程称为搭骨架。

（3）人形模型必须与关节层级相关联，即通过指定关节的动画来控制角色网格的运动。这一过程称为蒙皮，如图 7-2 所示。

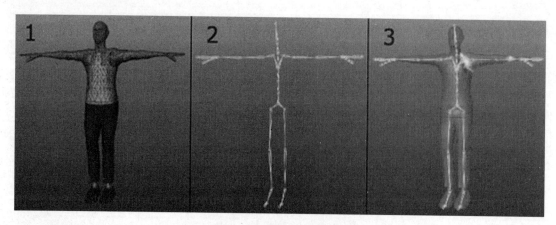

图 7-2　模型准备的步骤

### 1. 获取人形网格模型

有三种方式可用来获取 Mecanim 动画（Mecanim Animation）系统所用的人形网格模型：

（1）用程序化角色系统或角色生成器，例如 Poser、Makehuman 或 Mixamo。其中一些系统会可同时为网格搭骨架和蒙皮（例如 Mixamo）。此外，应在这些软件中尽量减少原始网格中的多边形数量，从而更好的应用于 Unity。

(2) 在 Unity Asset Store 上购买适当的模型资源。

(3) 通过其他建模软件来从头创建全新的人形模型,这类软件包括 3DSMax、Maya 等。

### 2. 如何导入动画

在使用角色模型之前,首先需将其导入工程中。Unity 可以导入原生 Maya 文件(.mb或者.ma)、Cinema4D(.c4d)以及一般的 FBX 文件。

导入动画的时候,只需将模型导出的 FBX 文件直接拖入工程面板中的 Assets 文件夹中,进而选中该文件后,就可以在 Inspector 视图中的 Import Settings 面板中编辑其导入设置,如图 7-3 所示。

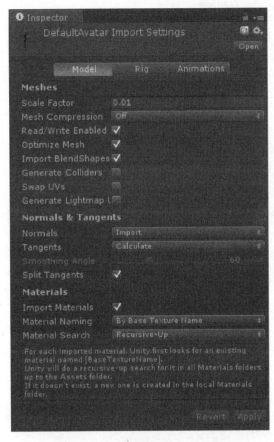

图 7-3　一个网格模型的导入设置

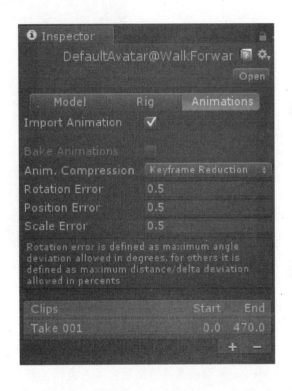

图 7-4　动画导入面板界面

### 3. 动画分解

一个动画角色一般来说都会具有一系列的在不同情境下被触发的基本动作,比如行走、奔跑、跳跃、投掷和死亡等,这些基本动作被称为动画片段(Animation Clips)。

对于只提供单一连续动画片段的模型,动画导入面板中会出现如图 7-4 所示的界面,通过单击"(+)"按钮,指定包含的帧数范围,这样便可增加一个新的动画片段。

例如,行走动画的帧数范围为 0~33。

跑步动画的帧数范围为 41~57。

踢腿动画的帧数范围为 81~97。

动画片段导入设置如图 7-5 所示。

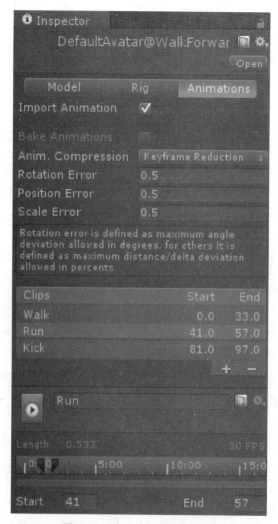

图 7-5　动画片段的导入设置

## 7.3　使用人形角色的动画

Mecanim 动画系统特别适合类人骨骼动画的制作。类人骨骼是非常普遍的动画并在游戏中得到广泛应用,Unity 为类人动画提供了专业工作流程和扩展工具集。

由于骨骼结构类似,用户可将一个类人骨骼动画映射到另一个类人骨骼动画上,从而实现重定向和反向动力学功能。

### 1. 创建 Avatar

对于一个人形骨架,单击 Animtion Type 右侧的下拉菜单,选择 Humanoid,然后单击"Apply"按钮,Mecanim 系统就会尝试将用户所提供的骨架结构与Mecanim 系统内嵌的骨架结构进行匹配。在多数情况下,这一步骤可以由 Mecanim 系统通过分析骨架的关联性自动完成。如果匹配成功,用户会看到在"Configure…"按钮左侧出现了一个对号,如图 7-6 所示。

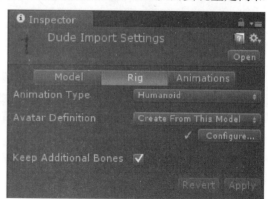

图 7-6　骨骼匹配成功界面

同时，在匹配成功的情况下，一个 Avatar 子资源会添加到模型资源中，可以在工程视图层次视图中看到该资源，如图 7-7 所示。

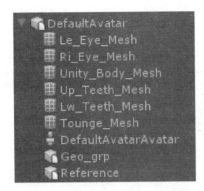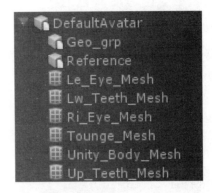

图 7-7　有和没有 Avatar 子资源的模型对比

如果 Mecanim 无法创建 Avatar，会看到"配置（Configure …）"按钮旁边出现一个叉号，且系统不会添加 Avatar 子资源。这种情况时，需要手动配置 Avatar。

### 2. 配置 Avatar

由于 Avatar 是 Mecanim 系统中一个非常重要的模块，所以为模型正确配置 Avatar 变得至关重要。不论 Avatar 自动创建是否成功，都需要进入配置 Avatar（Configure Avatar）模式，确认 Avatar 有效性，即确认用户提供的角色的骨骼结构匹配 Mecanim 预定义的骨骼结构且模型摆成 T 字姿势（T-pose）。

转到"配置（Configure …）"菜单时，编辑器会询问你是否要保存场景。这是因为在配置（Configure）模式下，场景视图（Scene View）只用

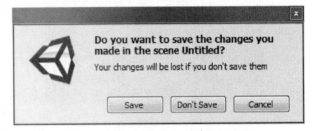

图 7-8　编辑器会要求保存当前场景

来显示所选模型的骨骼、肌肉和动画信息，不显示场景的其他部分，如图 7-8 所示。

一旦保存了场景信息，就会看到一个新的 Avatar 配置面板，其中还包含了一个反映关键骨骼映射信息的视图，如图 7-9 所示。

该视图显示了哪些骨骼是必须匹配的（实线圆圈），哪些骨骼是可选匹配的（虚线圆圈）；可选匹配骨骼的运动会根据必须匹配骨骼的状态来自动插值计算。为了方便 Mecanim 进行骨骼匹配，用户提供的骨架中应含有所有必须匹配的骨骼。此外，为了提高匹配的概率，应尽量通过骨骼代表的部位来给骨骼命名（例如左手命名为 LeftArm，右前臂命名为 RightForearm 等）。

如果无法为模型找到合适的匹配，用户也可以通过以下类似 Mecanim 内部使用的方法来进行手动配置。

（1）单击 Sample Bind-pose（得到模型的原始姿态），如图 7-10 所示。

（2）单击 Automap（基于原始姿态创建一个骨骼映射），如图 7-11 所示。

（3）单击 Enforce T-pose（强制模型贴近 T 形姿态，即 Mecanim 动画的默认姿态）。

在上述第二个步骤中，如果自动映射（单击 Mapping→Automap）的过程完全失败或者局部失败，用户可以通过从 Scene 视图或者 Hierarchy 视图中拖出骨骼并指定骨骼。如果 Mecanim 认为骨骼匹配，将在 Avatar 面板中以绿色显示；否则以红色显示。最后，如果骨骼指定正确，但角色模型并没有处于正确位置，用户会看到 Character not in T-pose 提示，可以通过 Enforce T-Pose 或者直接旋转骨骼至 T 形姿态。

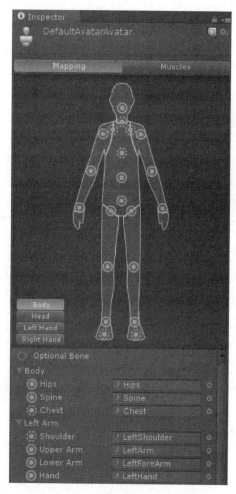

图 7-9　关键骨骼映射信息的视图

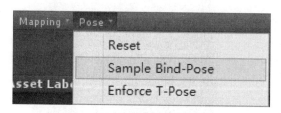

图 7-10　得到模型的原始姿态

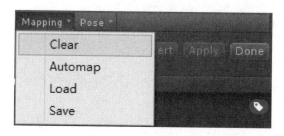

图 7-11　基于原始姿态创建一个骨骼映射

上述的骨骼映射信息还可以被保存成一个人形模板文件(human template file),其文件扩展名为 .ht,这个文件就可以在所有使用这个映射关系的角色之间复用。这一方法非常有效,例如某个动画师习惯为他创作的骨架使用同样的布局和命名规范,而 Mecanim 系统又无法识别这些规范时,即可以为每个模型导入上述.ht文件,只需进行一次手工映射即可,从而节省了大量时间。

### 3. 设置 Muscle 参数

Mecanim 使用肌肉(Muscle)来限制不同骨骼的运动范围。一旦 Avatar 配置完成,Mecanim 就能解析其骨骼结构,从而用户可以在 Avatar 面板的 Muscles 选项卡中调节相关参数,如图 7-12 所示。在此可以非常容易地调整角色的运动范围,以确保骨骼运动看起来真实、自然。用户可以在视图上方使用预先定义的变形方法对几根骨骼同时进行调整,也可以在视图下方对身体上的每一根骨骼进行单独调整。

### 4. Avatar Body Mask

Untiy 可以通过身体遮罩(Body Mask)在动画中有选择性地启用或禁用特定身体部位。身体遮蔽在网格导入检视器的动画(Animation)选项卡和动画层(Animation Layer)中使用。使用身体遮蔽可以调整动画以便更加符合角色的特定要求。例如,一个标准的走路动画既包含手臂运动又包含腿部运动,但如果希望角色使用双手运送大型物体,即手臂不会来回摆动,这时用户仍可以使用这个标准的走路动画,只需要在 Body Mask 中禁止手臂运动即可。如图 7-13 所示。

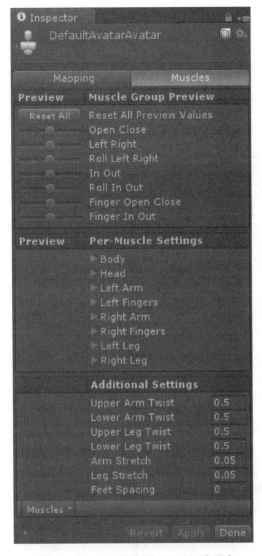

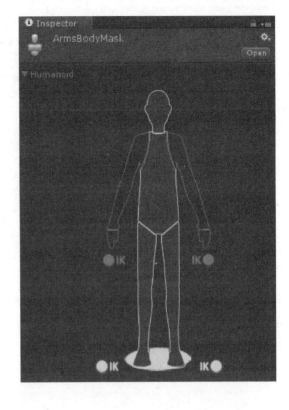

图 7 - 12　Avatar 面板的 Muscles 选项卡　　　　　图 7 - 13　Body Mask Inspector 视图

身体部位包括：头、左臂、右臂、左手、右手、左腿、右腿和脚（通过脚下的"阴影"表示）。在 Body Mask 中，还可以切换手和脚的反向运动（inverse kinematics，IK），从而决定在动画混合过程中是否引入 IK 曲线。

在网格导入检视器动画选项卡中，会看到标题为片段（Clips）的列表，其中包含对象的所有动画片段。当在列表中选择一个项目时，会显示该片段的所有控制选项，包括 Body Mask 编辑器。

用户也可以通过依次单击菜单栏中的"Assets→Create→Avatar Body Mask"选项卡创建 Body Mask 资源，并保存为 .mask 文件。Body Mask 资源可以在 Animator Controller 中重复使用，使用 Body Mask 的一个好处是可以减少内存开销，这是因为不受动画影响的身体部分就不需要计算与其关联的动画曲线；同时，在动画回放时也无须重新计算无用的动画曲线，从而减少动画的 CPU 开销。

**5. 人形动画的重定向**

人形动画的重定向是 Mecanim 系统中最强大的功能之一，这意味着用户可以通过简单的操作将一组动画应用到各种各样的人形角色模型上。特别地，重定向只能应用于人形模型，在此情况下，为了保证模型间骨骼结构的对应关系，必须正确配置 Avatar。

（1）当使用 Mecainm 动画系统时，场景中应包含以下元素：

① 导入的角色模型,其中含有一个 Avatar。

② Animator 组件,其中引用了一个 Animator Controller 资源。

③ 一组被 Animator Controller 引用的动画片段。

④ 用于角色动画的脚本。

⑤ 角色相关组件,比如 Character Controller 等。

(2) 项目中还应该含有另外一个具有有效 Avatar 的角色模型。

① 在 Hierarchy 视图中建立 GameObject,并重命名为 Player,如图 7-14 所示。

**图 7-14　Inspector 面板中建立一个包含角色相关组件的 GameObject**

② 将附有 Animator 组件和角色组件的角色模型拖入 GameObject 中,使其变成 GameObject 的子物体;同时确保引用到 Animator 的脚本必须在子节点中查找 animator(使用 GetComponentInChildren<Animator>( )),而不是在根节点中查找(使用 GetComponent<Animator>( )),如图 7-15 所示。

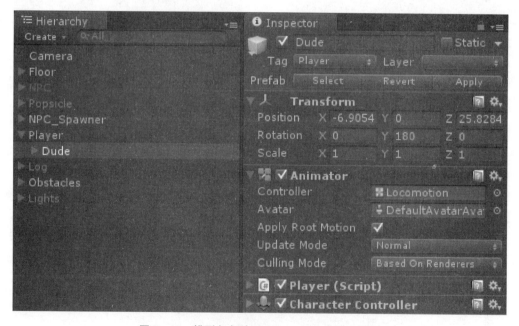

**图 7-15　模型角色放到 Player 中变成其子物体**

(3) 为了在另外一个模型上重用角色动画,需要:

① 关闭原始模型。

② 将所需要的模型拖入 GameObject 中,使其成为 GameObject 的另外一个子物体。如图 7-16 所示。

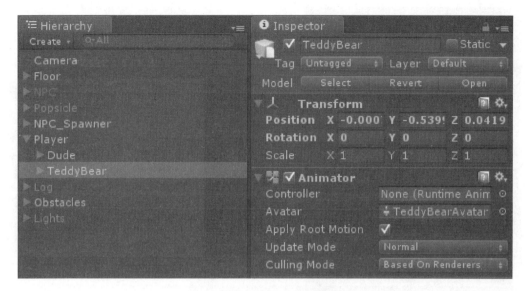

图 7 – 16　添加新的人形角色

③ 确保新模型上的 Animator Controller 属性引用了与原始模型相同的 controller 资源，如图 7 – 17 所示。

④ 调整角色模型的 Character Controller、transform 以及其他属性，确保原来的动画片段能在新模型上正常工作。

图 7 – 17　新模型引用相同的 Animator Controller

### 6. 逆向运动学功能(Pro only)

大多数角色动画都是通过将骨骼的关节角度旋转到预定值来实现的。一个子关节的位置是由其父节点的旋转角度决定的，这样，处于节点链末端的节点位置是由此链条上的各个节点的旋转角和相对位移来决定的。可以将这种决定骨骼位置的方法称为前向运动学。

但是，在实际应用中，上述过程的逆过程却非常实用，即给定末端节点的位置，从而逆向推出节点链上所有其他节点的合理位置。这种需求非常普遍，例如希望角色的手臂去触碰一个固定的物体或脚站立在不平坦的路面上等。这种方法称为逆向运动学(IK)，在 Mecanim 系统中，任何正确设置了 Avatar 的人形角色都支持 IK 功能，效果如图 7 – 18 所示。

### 7. 一般动画

除了人形动画，Mecanim 系统也能够支持非人形动画，只不过在非人形动画中无法使用 Avatar 系统和其他一些相关功能。在 Mecanim 系统中，非人形动画被称为一般动画(Generic Animations)。

一般动画的启用方法为：在 Project 视图中的 Assets 文件夹中选中 FBX 资源，在 Inspector 视图中的 Import Settings 属性面板中，选择 Rig 标签页，单击"Animation Type"项右侧的按钮，在弹出的列表框中选取 Generic 动画类型，如图 7 – 19 所示。

特别地，在人形动画中，可以很容易知道人形模型的中心点和方位；但对于一般动画，由于骨架可以是任意形状，则需要为其指定一根参考骨骼，它在 Mecanim 系统中被称为根节点(root node)。选中根节点后，即可以建立多个动画片段之间的对应关系，且实现它们之间的正确混合。此外，根节点还对实现区分骨骼动画和根节点的运动具有重要意义(通过 OnAnimatorMove 进行控制)。

图 7-18　IK 效果图

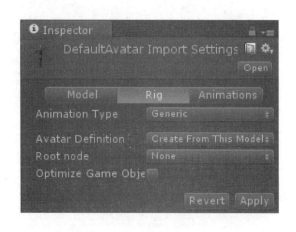

图 7-19　设置 Generic 动画类型

## 7.4　在游戏中使用角色动画

在导入了角色模型和动画片段以及正确设置了 Avatar 以后,便可在游戏中使用。接下来将介绍在 Mecanim 系统中如何控制和顺序播放角色动画。

### 1. 循环动画片段

在制作动画时,一个最基本的操作是确保动画能够很好地循环播放循环。例如,表示走路循环的动画片段起始动作和结束动作应尽可能保持一致,以确保不会出现滑步或奇怪的不稳定动作。Mecanim 为此提供了一套方便的工具。动画片段可基于姿势、旋转和位置进行循环。

如果拖动动画片段的起始(Start)或结束(End)点,就会看到所有参数的循环(Looping)适配曲线。如果曲线右侧的圆点(Loop match 指示器)显示为绿色,则表示该动画片段可以很好地循环播放,如图 7-20 所示;如果显示为红色,则表示头尾节点并不匹配,如图 7-21 所示。

### 2. Animator 组件

任何一个拥有 Avatar 的 GameObeject 都同时需要有一个 Animator 组件,该组件是关联角色及其行为的纽带,如图 7-22 所示。

Animator 组件中还引用了一个 Animator Controller,它被用于为角色设置行为,这里所说的行为包括状态机(State Machines)、混合树(Blend Trees)以及通过脚本控制的事件(Events),具体包括:

(1) Controller:关联到该角色的 animator 控制器。

(2) Avatar:该角色的 Avatar。

(3) Apply Root Motion:是使用动画本身还是使用脚本来控制角色的位置。

(4) Animate Phsics:动画是否与物理交互。

(5) Culling Mode:动画的裁剪模式。

① Always animator:总是启用动画,不进行裁剪。

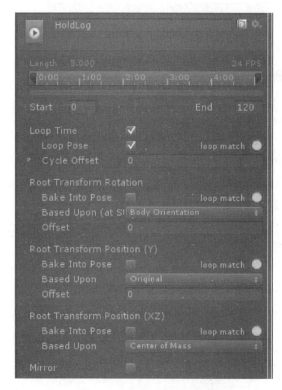

图 7－20　Loop Match 匹配良好的情况

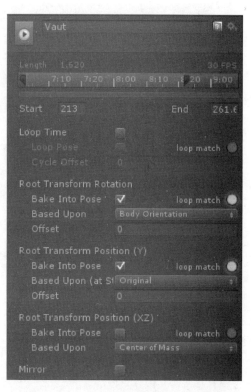

图 7－21　Loop Match 匹配较差的情况

② Based on Renderers：当看不见角色时只有根节点运动，身体的其他部分保持静止。

### 3. Animator Controller

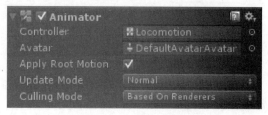

图 7－22　Animator 组件

启动 Unity 应用程序，依次选择菜单栏中的“Window→Animator”项，即可以在 Animator Controller 视图中显示和控制角色的行为。具体地，可以通过在 Project 视图中单击“Create→Animator Controller”来创建一个 Animator Controller，这会在项目工程的 Assets 文件夹内生成一个 .controller 文件，双击 Animator Controller 文件，可以在 Project 视图中显示出来。当设置好运动状态机以后，就可以在 Hierarchy 视图中将 Animator Controller 拖入任意具备 Avatar 的角色的 Animator 组件上，如图 7－23 所示。

### 4. 动画状态机

在游戏中一个角色往往拥有多个运动动画，比如在空闲状态时角色轻轻呼吸或摇摆，在接受命令后开始走路，或从平台坠落时恐慌地举起双臂。通过脚本控制这些动画的切换及过渡是非常复杂的一项工作。Mecanim 系统借用了计算机科学中的状态机概念来简化对角色动画的控制。

（1）状态机基础。状态机的基本思想是使角色在某一给定时刻进行一个特定的动作，动作类型取决于游戏类型，但典型动作包括空闲、走路、跑步、跳跃等。这些动作称为状态，在场景中，角色处于走路、空闲等“状态”。通常，角色要进入另一种状况会受到限制，不能直接从一个状态转换成另一个其他状态。例如，跑跳仅在角色已经在跑步时而非停滞不前时实现，所以永远无法直接从空闲状态转换成跑跳状态。角色可从当前状态进入下一个状态的选型称为状态转换。总之，状态集、转换集和记住当前状态的变量形成了状态机。

状态机的状态和转换可用一个图解表示，其中节点代表状态，弧（节点之间的箭头）代表转换。可以

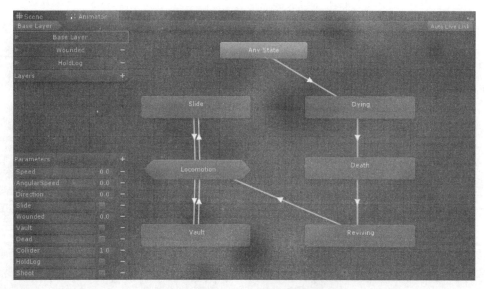

图 7-23　**Animator Controller 窗口**

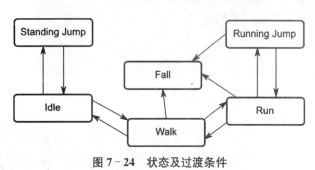

图 7-24　状态及过渡条件

把当前状态看作一个标记或置于一个节点上的突出显示,然后只需沿着一条箭头跳转到另一个节点,如图 7-24 所示。

动画状态机的价值在于用相对较少的编码即可轻松设计和更新。每个状态有一个与之相关的动作(Motion),并在机器处于该状态时播放。让动画师方便地定义动作顺序,无须了解代码如何工作。

(2) Mecanim 状态机。Mecanim 的动画状态状态机提供了一种纵览角色所有动画片段的方法,并且允许通过游戏中的各种事件(例如用户输入)来触发不同的动画效果。动画状态机可以通过 Animator Controller 视图来创建,如图 7-25 所示。一

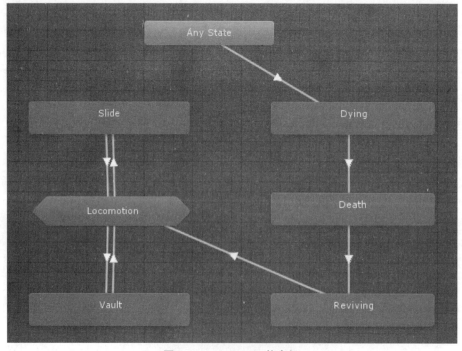

图 7-25　**Animator 状态机**

般而言,动画状态机包括动画状态、动画过渡和动画事件;而复杂的状态机还可以含有简单的子状态机。

### 5. 混合树

在游戏动画中,一种常见的需求是对两个或更多相似的运动进行混合,一个常见的例子是根据角色的移动速度对走路和跑步动画进行混合,另一个常见的例子是角色在奔跑过程中向左或向右转弯倾斜。需要强调的是,动画过渡和动画混合是完全不同的概念,尽管它们都被用于生成平滑的动画,但却适用于不同的场合。动画过渡被用于在一段给定的时间内完成由一个动画状态向另一个动画状态的平滑过渡;而动画混合则被用于通过插值技术实现对多个动画片段的混合,每个动作对于最终结果的贡献量取决于混合参数。特别地,动画混合树可以作为状态机中一种特殊的动画状态而存在。

要制作一个新的混合树,需要以下步骤:

(1) 在 Animator Controller 窗口中右击空白区域。

(2) 在弹出菜单中选择"Create State→From New Blend Tree"。

(3) 双击混合树进入混合树视图,如图 7-26 所示。

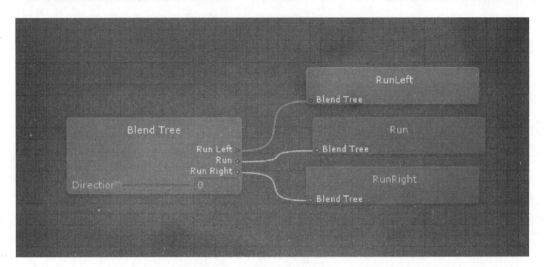

图 7-26 混合树的图形表达式

此时,Animator 视图中会显示整个混合树的图形表达,而 Inspector 视图中则会显示当前选中的节点和紧邻的子节点,如图 7-27 所示。

特别地,在 Blend Type 选项卡中可以指定不同的混合类型,包括 1D 混合和 2D 混合两种。

### 6. 1D 混合

在 Inspector 视图中的 Blend Node 属性面板中,第一个选项就是指定一个混合类型。如上一节中的图 7-24 所示。其中 1D 混合即是通过唯一一个参数来控制子动画的混合。在设定了 1D 混合类型后,立即需要做的一件事就是选择通过哪一个 Animator Parameter 来控制混合树。在下面的例子中,将选用 Direction 参数,其中值的变化范围是从−1.0(向左倾斜)到 1.0(向右倾斜),而 0.0 表示直线跑动而不产生倾斜。随后可以通过单击"+→Add Motion Field"在混合树中添加动画片段。添加完成后的界面应如图 7-28 所示。

Inspector 视图中 Blend Node 属性面板上方的图形表示了混合参数变化时每个子动画的影响,其中每个子动画用一个蓝色的金字塔形状表示(首个和末个只显示了一半),如图 7-29 所示。如果单击某个金字塔形状并按住不放时,相应的动画片段会在下端的列表中高亮显示。每个金字塔的顶端代表该动画片段的混合权重为 1,而其他所有动画的混合权重都为 0,这样的位置也称为动画混合的临界点(Threshold)。图中黑色的竖线表示了当前混合参数,在单击了 Inspector 低端的 Play 按钮后,如果拖

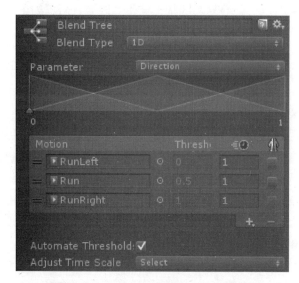

图 7‑27　Inspector 面板中的一个混合节点　　　　图 7‑28　添加完成后的界面

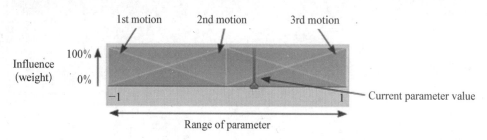

图 7‑29　每个动画在通过混合树混合时的权重

动红线向左或向右进行移动,即可观察到混合参数对于最终动画混合效果的影响。

### 7. 2D 混合

2D 混合是指通过两个参数来控制子动画的混合。2D 混合又可以分为三种不同的模式,不同的模式有不同的应用场合,它们的区别在于计算每个片段影响的具体方式,下面就来详细讲解。

(1) 2D Simple Directional(2D 简单定向模式):这种混合模式适用于所有动画都具有一定的运动方向,但其中任何两段动画的运动方向都不相同的情形,例如向前走、向后走、向左走和向右走。在此模式下,每一个方向上都不应该存在多段动画,例如向前走和向前跑是不能同时存在的。特别地,此时还可以存在一段处于(0,0)位置的特殊动画,例如 Idel 状态,当然也可以不存在。

(2) 2D Freeform Directional(2D 自由定向模式):这种混合模式同样适用于所有动画都具有一定运动方向的情形,但在同一方向上可以存在多段动画,例如向前走和向前跑可以同时存在的。特别地,此模式下必须存在一段处于(0,0)位置的动画,例如 Idel 状态。

(3) 2D Freeform Cartesian(2D 自由笛卡尔模式):这种混合模式适用于动画不具有确定运动方向的情形,例如向前走然后右转、向前跑然后右转等。在此模式下,X 参数和 Y 参数可以代表不同的含义,例如角速度和线速度。

在设定了 2D 混合类型后,立即需要做的一件事就是选择通过哪两个 Animation Parameters 来控制混合树。在下面的例子中,选定的两个参数是 velocityX(平移速度)和 velocityZ(前进速度),然后可以通过单击“+→Add Motion Field”在混合树中添加动画片段。添加完成后的界面如图 7‑30 所示。

面板顶端的图示表示了各个子动画在 2D 混合空间中的位置。每段动画以蓝色的矩形点表示,可以通过单击这个矩形点选取一段动画;选中后,该动画的影响范围将以蓝色的可视化场来表示(见图 7‑

31)，矩形点正下方的位置具有最大的场强，表示该动画片段在此时具有更大的混合权重。

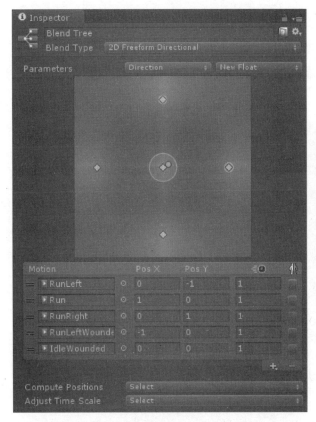

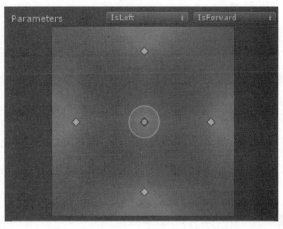

图 7-30　2D 混合树添加完成后的界面　　　　图 7-31　动画的影响范围和影响权重

图 7-31 中的圆点表示两个混合参数的当前值。在单击 Inspector 面板底端的 Play 按钮后，如果在图中拖动圆点，就可以观察到两个混合动画对当前动画状态的影响权重还可以通过矩形点周围的蓝色圆圈来表示。当用户拖动圆点逐渐靠近代表某段动画的矩形点时，则该蓝点周围的圆圈直径会相应地变大，表明该动画的影响权重逐渐变大；而其他圆圈则会相应地变小，表明其他动画的影响权重逐渐变小，甚至完全没有影响。

# 第 8 章
# 物理引擎

　　游戏、虚拟现实或增强现实往往是以现实世界作为蓝本来设计的,所以现实中存在的物理也就成了游戏中不可或缺的部分。对于 Unity3D 引擎来说,它不但具有良好的开发环境,而且拥有完整的物理引擎体系。

　　Unity 的物理引擎的核心部分使用了 NVIDIA(英伟达)的 PhysX。它的物理引擎的效果非常逼真,并且可以把一部分运算由 GPU 分担(硬件允许情况下),尽可能地提高执行效率。可以在虚拟的世界中完美的模拟出大量的物理效果。

## 8.1　RigidBody:刚体

### 1. 刚体功能介绍

　　在 Unity 物理引擎中,Rigidbody(刚体)是一个非常重要的组件。它可使游戏对象在物理系统的控制下来运动,刚体可接受外力与扭矩力等,从而使此游戏对象遵循一些物理学规律,更好地、更真实地模拟该物体在 3D 世界中的物理效果。任何游戏对象只有添加了刚体组件才能感应物理引擎中的一切物理行为,比如受到重力等。

　　为游戏对象添加刚体组件的方法:

　　启动 Unity 应用程序,创建一个游戏对象,选中该对象,然后依次选择菜单栏中"Component→Physics→Rigidbody"选项,这样就在该游戏对象上添加了刚体组件,如图 8-1所示。

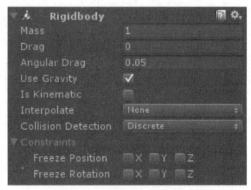

图 8-1　Rigidbody 组件属性

### 2. 刚体常用参数与函数

　　刚体属性参数如表 8-1 所示。

表 8-1　刚体属性参数

| Rigidbody | 属　　　性 |
| --- | --- |
| Mass(质量) | 刚体的质量,数据类型为 float,默认值为 1;其值一旦大于 10.0,物理效果就会失真 |
| Drag(平移阻力) | 刚体的平移阻力,数据类型为 float,默认值为 0;数值越大物体速度衰减得越快 |
| Angular Drag(角阻力) | 刚体的角阻力,数据类型为 float,默认值 0.05;数值越大自身旋转速度衰减得越快 |
| Use Gravity(是否使用重力) | 物体是否受重力的影响,数据类型为 bool 类型,默认值为 true;当被设置为 false 时,物体不受重力影响,但其他刚体特性依然存在 |

| Rigidbody | 属　　　性 |
|---|---|
| Is Kinematic(是否受力) | 物体是否受力,也就是物体是否遵循物理运动规律,数据类型为 bool,默认值为 false;当被设置为 true 时,物体将不遵循物理运动规律,但该物体会影响其他物体的运动状态 |
| Interpolate(插值) | 刚体图像插值,默认状态时关闭的 |
| Collision Detection(碰撞检测模式) | 三种模式: Discrete 模式为默认碰撞检测模式;<br>Continuous 模式用于球体胶囊和盒子碰撞者的刚体;<br>ContinuousDynamic 模式用于高速运动的物体 |
| Freeze Position(冻结位置) | 分别冻结、停止物体 X 轴方向,Y 轴方向,Z 轴方向上的位置对物理引擎物理效果的感应 |
| Freeze Rotation(冻结旋转) | 分别冻结、停止物体 X 轴旋转,Y 轴旋转,Z 轴旋转对物理引擎物理效果的感应 |

注意:

在物理学中,速度(velocity)是描述物体运动快慢的物理量,它是个矢量,既有大小有方向。而角速度在三维空间内被看作是矢量,既有大小又有方向。在 Unity 中,刚体的速度也同样是描述刚体的运动快慢的物理量,其大小表示刚体的速度值。Unity 中的单位 1 表示现实生活中的 1 米。但通常情况下我们不建议直接修改刚体的速度,因为这样可能会导致模拟效果失真。

我们知道通过改变刚体的 Velocity 来改变物体的运动状态,其结果可能会失真。而在运动学中,是通过给物体施加力来改变物体的运动状态。表 8 - 2 列出了刚体添加力的常用方法。

表 8 - 2　刚体添加力的常用方法

| Rigidbody | 方　　　法 |
|---|---|
| AddForce | 给刚体施加一个力 |
| AddExplosionForce | 给刚体施加一个爆炸力 |
| AddForceAtPosition | 给刚体施加一个目标位置力 |

## 8.2　Collider:碰撞体

碰撞体是物理组件中的一类,它要与刚体一起添加到游戏对象上才能触发碰撞。如果两个刚体相互撞在一起,除非两个对象有碰撞体时物理引擎才会计算碰撞,在物理模拟中,没有碰撞体的刚体会彼此相互穿过。

添加碰撞体的方法:首先选中一个游戏对象,然后依次选择菜单栏"Component→Physics"选项,可选择不同的碰撞体类型,这样就在该对象上添加了碰撞体组件,如图 8 - 2 所示。

### 1. 碰撞体介绍

Unity 为游戏对象提供了六种碰撞器:

(1) BoxCollider(盒子碰撞器):适用于立方体对象的碰撞,如图 8 - 3 所示。

BoxCollider 属性参数如表 8 - 3 所示。

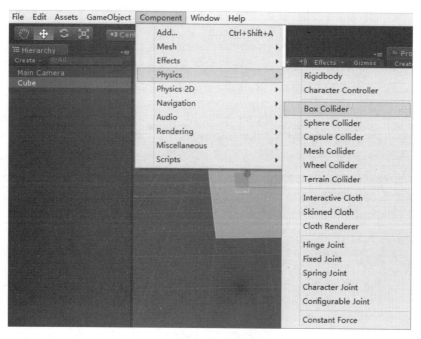

图 8-2 添加碰撞器

表 8-3 BoxCollider 属性参数

| BoxCollider | 组　　　件 |
| --- | --- |
| Is Trigger | 是否为触发器,数据类型为 bool 值,默认为 false,则表示为碰撞器;当为 true 时,则为触发器 |
| Material | 碰撞器表面的物理材质,不同的物理材质会影响不同的碰撞效果 |
| Center | 碰撞器或触发器的位置 |
| Size | 碰撞器或触发器的大小 |

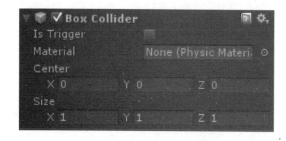

图 8-3 BoxCollider 组件属性

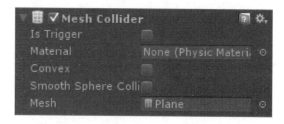

图 8-4 MeshCollider 组件属性

（2）SphereCollider(球体碰撞器)：适用于球体对象的碰撞。

（3）CapsuleCollider(胶囊体碰撞器)：适用于胶囊体对象的碰撞。

SphereCollider、CapsuleCollider 碰撞器的参数,与 BoxCollider 内容相仿,不同点只是对于形状描述时的差别。可相互参考学习。

（4）MeshCollider(网格碰撞器)：适用于自定义网格对象的碰撞,如图 8-4 所示。

网格碰撞体通过获取网格对象并在其基础上构建碰撞,与在复杂网格模型上使用基本碰撞体相比,网格碰撞体要更加精细,最重要的是,使用网格碰撞体可以创建所有游戏对象的碰撞,功能非常强大,但这种碰撞体一般会占用更多的系统资源。开启 Convex 参数的网格碰撞体才可以与其他的网格碰撞体发生碰撞。

（5）WheelCollider（车轮碰撞器）：适用于车轮与地面或其他对象之间的碰撞，车轮碰撞体是一种针对地面车辆的特殊碰撞体。它有内置的碰撞检测、车轮物理系统及有滑胎摩擦的参考体。除了车轮，该碰撞体也可用于其他的游戏对象。属性面板如图 8-5 所示。

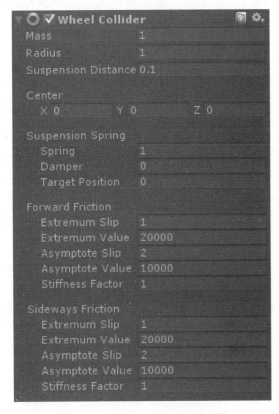

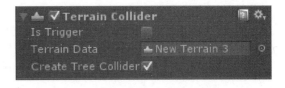

图 8-5  Wheel Collider 组件属性          图 8-6  Terrain Collider 组件属性

（6）TerrainCollider（地形碰撞器）：主要用于与地形对象的碰撞，如图 8-6 所示。

## 2. 碰撞体相关知识点介绍

（1）碰撞体与触发器。当物体有碰撞盒（Collider）组件时，默认状态表现为碰撞器（Collision）。当碰撞盒组件中"IsTrigger"属性的值设为 true 时，碰撞盒则表现为触发器。两者的区别在于发生碰撞的两个物体只要有一个为触发器，则这两个物体就可以相互穿透，当然其检测函数也是不相同的，并且需要一定的条件才能够触发检测函数。为此我们需要总结一下物体发生碰撞和触发且能触发检测函数的条件，下面是 Unity 官方文档中相关的表格（见表 8-4、表 8-5）。

表 8-4  碰撞事件检测

| Collision detection occurs and messages are sent upon collision 碰撞后有碰撞检测并有碰撞信息发出 | | | | | | |
|---|---|---|---|---|---|---|
|  | Static Collider | Rigidbody Collider | Kinematic Rigidbody Collider | Static Trigger Collider | Rigidbody Trigger Collider | Kinematic Rigidbody Trigger Collider |
| Static Collider |  | Y |  |  |  |  |
| Rigidbody Collider | Y | Y | Y |  |  |  |
| Kinematic Rigidbody Collider |  | Y |  |  |  |  |

| | Static Collider | Rigidbody Collider | Kinematic Rigidbody Collider | Static Trigger Collider | Rigidbody Trigger Collider | Kinematic Rigidbody Trigger Collider |
|---|---|---|---|---|---|---|
| Static Trigger Collider | | | | | | |
| Rigidbody Trigger Collider | | | | | | |
| Kinematic Rigidbody Trigger Collider | | | | | | |

表 8 – 5　触发事件检测

| Trigger messages are sent upon collision 碰撞后有触发信息 | | | | | | |
|---|---|---|---|---|---|---|
| | Static Collider | Rigidbody Collider | Kinematic Rigidbody Collider | Static Trigger Collider | Rigidbody Trigger Collider | Kinematic Rigidbody Trigger Collider |
| Static Collider | | | | | Y | Y |
| Rigidbody Collider | | | | Y | Y | Y |
| Kinematic Rigidbody Collider | | | | Y | Y | Y |
| Static Trigger Collider | | Y | Y | | Y | Y |
| Rigidbody Trigger Collider | Y | Y | Y | Y | Y | Y |
| Kinematic Rigidbody Trigger Collider | Y | Y | Y | Y | Y | Y |

（2）物理材质。摩擦力、弹力和柔软度是由物理材质决定的，Unity 提供的物理材质资源包中提供了五种常用的物理材质：弹性材质（Bouncy）、冰材质（Ice）、金属材质（Metal）、橡胶材质（Rubber）、木头材质（Wood），如图 8 – 7 所示。当然也可以创建新的物理材质并调整其参数、属性。

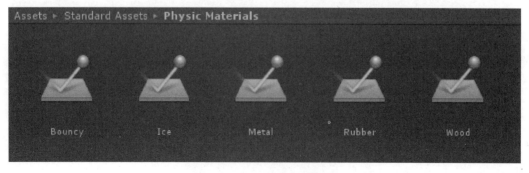

图 8 – 7　Unity 自带物理材质

创建方法：在 Project 视图中，单击鼠标右键 Create→Physics Material 即可创建。物理材质应用于碰撞器的 Material 属性值处。

那么，现在来了解一下物理材质的属性（以 Bouncy 为例），如图 8-8 所示。表 8-6 为物理材质的属性参数。

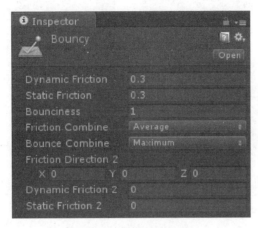

图 8-8  Bounce 材质属性

表 8-6  物理材质属性参数（以 Bounce 为例）

| Physics Materials | 属　　性 |
| --- | --- |
| Dynamic Friction | 滑动摩擦力，范围在 0～1 之间 |
| Static Friction | 静摩擦力，范围在 0～1 之间 |
| Bounciness | 碰撞时反弹系数 |
| Friction Combine | 碰撞物体间摩擦力混合的方式 |
| Bounce Combine | 弹性系数混合的方式，反弹组合 |
| Friction Direction 2 | 在 X 轴、Y 轴、Z 轴方向上摩擦力的大小 |
| Dynamic Friction 2 | 作用在 Friction Direction 2 方向上的滑动摩擦力 |
| Static Friction2 | 作用在 Friction Direction 2 方向上的静摩擦力 |

# 8.3  Character Controller：角色控制器

角色控制器主要用于第三人称或第一人称游戏主角的控制，它和刚体一样同样具备物理引擎的功能，但它并不使用刚体物理效果。

刚体的物理效果过于真实，以至于影响我们对主角的控制。但是如果想让游戏角色被物理效果影响，最好使用刚体而不是角色控制器。但这并不意味两者不能同时使用。控制器不会对加在它自身上的力做出反应，不会自动推其他刚体，也不会被其他对象的物理效果影响。因此，给主角添加角色控制器之后，操作更方便灵活，且容易操控。

在 Unity 标准资源包中，保存着可模拟第一人称视角和第三人称视角的模型，具体用法如下。

首先打开 Unity 游戏引擎编辑器，然后在 Project 视图中右键选择"Import Package→Charactr Controller(角色控制器)"把它导入我们的工程中。如图 8-9 所示，第一人称与第三人称的组件已经加入 Project 视图中。3rd Person Controller 表示第三人称控制器，First Person Controller 表示第一人称控制器(见图 8－10)。

图 8－9　Unity 自带模型

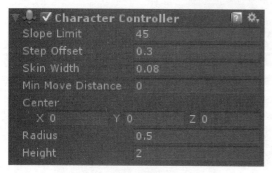

图 8－10　第一人称控制器

我们将 FirstPerson Controller 拖拽入 Hierarchy (层次视图)中,如图 8－10 所示。可以看到 FirstPerson Controller 对象包含两个子物体,一个胶囊体对象和一个摄像机对象,这样做的目的相当于给胶囊体对象绑定了一个摄像机对象。

接下来为游戏对象添加角色控制器组件,首先在 Hierarchy 视图中选择需要添加该组件的对象,接着 Unity 导航菜单栏中选择"Component(组件)→Physics→ Character Controller"选项即可,添加之后如图 8－11 所示。

图 8－11　角色控制器组件属性

Character Controller 组件属性参数如表 8－7。

表 8－7　**Character Controller 属性参数**

| Character Controller | 属　　　　性 |
| --- | --- |
| Slop Limit | 碰撞器所能爬的最大的坡度 |
| Step Offset | 角色可以迈上的最高台阶高度 |
| Skin Width | 表示两个碰撞器可以互相渗入的深度。较大的皮肤厚值度会导致颤抖。小的皮肤厚度值会导致角色被卡住。一个合理的设定是使该值等于半径(Radius)的 10% |
| Min Move Distance | 角色移动的最小距离,若小于该值,那角色就不会移动。大部分情况下该值被设为 0 |
| Center | 胶囊碰撞器在世界空间中的位置 |
| Radius | 胶囊碰撞器的半径长度,同时决定碰撞体的宽度 |
| Height | 角色的胶囊碰撞器高度,即碰撞器在 Y 轴方向向两端伸缩 |

# 8.4　布料

### 1. Interactive Cloth：交互布料

布料(Cloth)是 Unity 中的一类物理组件,主要用来仿真类似于布料的物理效果。交互布 (Interactive Cloth)是在网格上模拟"类似于布"的行为的组件。如果要在场景中使用布料,则可使用此组件。

添加交互布料组件方法如下:

在场景中添加交互布(Interactive Cloth),选择游戏对象(Game Object)→创建其他(Create Other)→布(Cloth),如图 8－12 所示。添加之后可以发现交互布(Interactive Cloth)组件依赖于布渲染器(Cloth Renderer)组件,这表示如果布渲染器(Cloth Renderer)存在于游戏对象(Game Object)

中,则不能将其删除。

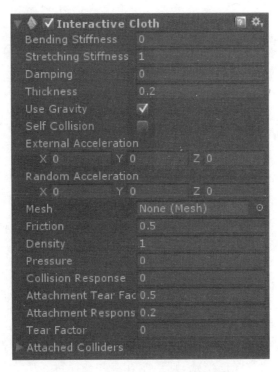

**图 8 - 12 Interactive Cloth 组件属性**

Interactive Cloth 属性参数如表 8 - 8 所示。

**表 8 - 8 Interactive Cloth 属性参数**

| 属 性 | 功 能 |
| --- | --- |
| 弯曲刚度(Bending Stiffness) | 布的弯曲刚度,0~1,值越大越不易弯曲 |
| 伸展刚度(Stretching Stiffness) | 布的伸展刚度,0~1,值越大越不易拉伸 |
| 阻尼(Damping) | 对布运动进行阻尼处理 |
| 厚度(Thickness) | 布表面的厚度 |
| 使用重力(Use Gravity) | 布是否受重力影响 |
| 自碰撞(Self Collision) | 布是否会与自己碰撞 |
| 外部加速度(External Acceleration) | 应用于布的恒定外部加速度 |
| 随机加速度(Random Acceleration) | 应用于布的随机外部加速度 |
| 网格(Mesh) | 指定用于模拟互动布料的网格 |
| 摩擦力(Friction) | 布的摩擦力 |
| 密度(Density) | 布的密度 |
| 压力(Pressure) | 布内部的压力 |
| 碰撞响应(Collision Response) | 将应用于碰撞刚体(Rigidbody)的力的大小 |
| 附件撕裂系数(Attachment Tear Factor) | 附加刚体(Rigidbody)在撕下之前需要伸展的距离 |
| 附件响应(Attachment Response) | 将应用于附加刚体(Rigidbody)的力的大小 |
| 撕裂系数(Tear Factor) | 布顶点在布撕裂之前需要伸展的距离 |
| 附加碰撞体(Attached Colliders) | 包含附加到此布的碰撞体(Collider)的数组 |

### 2. Skinned Cloth：蒙皮布料

蒙皮布（SkinnedCloth）组件与蒙皮网格渲染器（SkinnedMeshRenderer）结合作用于对角色衣物的模拟。

如果动画角色使用蒙皮网格渲染器（SkinnedMeshRenderer），则可以将蒙皮布（SkinnedCloth）组件添加到具有蒙皮网格渲染器（SkinnedMeshRenderer）的游戏对象，使其表现得更加生动、真实。

（1）添加和编辑蒙皮布（SkinnedCloth），只需选择具有蒙皮网格渲染器（SkinnedMeshRenderer）的游戏对象，然后使用组件（Component）→物理（Physics）→蒙皮布（Skinned Cloth）添加蒙皮布，如图 8-13 所示。蒙皮布（Skinned Cloth）模拟仅由蒙皮网格渲染器（SkinnedMeshRenderer）进行蒙皮的顶点来驱动，不会以其他方式与任何碰撞器（Collider）交互。

（2）顶点选择工具（Vertex Selection Tool）。在此模式中（见图 8-14），可以在场景视图中选择顶点，然后在监视器（Inspector）中设置其系数。可以通过按住 Shift 键或使用鼠标拖动矩形来设置多个系数。选择多个顶点时，监视器（Inspector）会显示顶点系数的平均值。不过更改这些值时，该系数对于所有顶点会设置为相同值。如果将场景视图切换为线框模式，则还能查看并选择背向顶点，这在要选择角色的所有部分时十分有用。

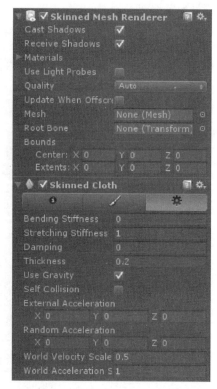

图 8-13  Interactive Cloth 组件属性

单击系数字段旁的眼睛图标，编辑器在场景视图中显示该系数。绿色显示具有该系数的最小值的顶点，中间值为黄色，最大值为蓝色。颜色比例始终相对于该系数的使用值范围进行选择，并且独立于绝对值。

图 8-14  顶点选择工具面板

图 8-15  顶点绘制工具面板

图 8-16  设置标签属性面板

（3）顶点绘制工具（Vertex Painting Tool）。如图 8-15 所示，类似于顶点选择，这是可帮助配置顶点系数值的工具。与顶点选择不同的是,无须在更改值之前单击顶点,在此模式中,只需输入要设置的值,启用要更改的系数旁的画笔开关,然后单击要对其设置该值的所有顶点。

(4) 设置标签属性面板(见图 8-16)。

属性参数如表 8-9 所示。

表 8-9　Skinned Cloth 属性参数

| 属　　性 | 功　　能 |
| --- | --- |
| 弯曲刚度(Bending Stiffness) | 布的弯曲刚度 |
| 伸展刚度(Stretching Stiffness) | 布的伸展刚度 |
| 阻尼(Damping) | 对布运动进行阻尼处理 |
| 厚度(Thickness) | 布表面的厚度(0.001~10 000) |
| 使用重力(Use Gravity) | 如果启用,则重力会影响布模拟 |
| 自碰撞(Self Collision) | 如果启用,则布可以与自己碰撞 |
| 外部加速度(External Acceleration) | 应用于布的恒定外部加速度 |
| 随机加速度(Random Acceleration) | 应用于布的随机外部加速度 |
| 世界坐标速率比例(World Velocity Scale) | 角色的世界坐标空间移动对布顶点的影响程度。此值越大,布为响应游戏对象世界坐标空间移动而进行的移动便越多。这基本上定义蒙皮布(SkinnedCloth)的空气摩擦力 |
| 世界坐标加速度比例(World Acceleration Scale) | 角色的世界坐标空间加速度对布顶点的影响程度。此值越大,布为响应游戏对象世界坐标空间加速度而进行的移动便越多。如果布不生动,请尝试增大此值。如果在角色加速时布不太稳定,请尝试减小此值 |

### 3. Cloth Renderer:布料渲染器

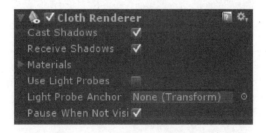

图 8-17　Cloth Renderer 组件属性

布料渲染器属性面板如图 8-17 所示。

具体属性参数如表 8-10 所示。

表 8-10　Cloth Renderer 属性参数

| 属　　性 | 功　　能 |
| --- | --- |
| 投射阴影(Cast Shadows) | 如果选中,则布会投射阴影 |
| 接收阴影(Receive Shadows) | 如果启用,则布可以接收阴影 |
| 材质(Materials) | 布将使用的材质 |

| 属　　性 | 功　　能 |
| --- | --- |
| 使用光探头(Use Light Probes) | 如果选中,则将启用光探头 |
| 光探头锚点(Light Probe Anchor) | 光探头光照在渲染器边界中心或锚点(如果分配)位置处进行内插 |
| 不可见时暂停(Pause When Not Visible) | 如果选中,则在相机未渲染布时不计算模拟 |

## 8.5　关节

关节(Joint)是 Unity 中的一种物理组件,用来模拟游戏对象之间相互连接的效果。

通过关节,我们在游戏中可以用于模拟刚体之间的连接、门的开关、角色布娃娃系统等效果。

### 1. Hinge Joint：铰链关节

铰链关节(Hinge Joint),主要用来模拟门,链条、钟摆等效果。此组件将两个刚体(Rigidbody)组合在一起,从而将其约束为如同通过铰链连接一样进行移动。添加方法：依次选择菜单栏"Component→Physics→Hinge Joint"选项即可,如图 8‐18 所示。

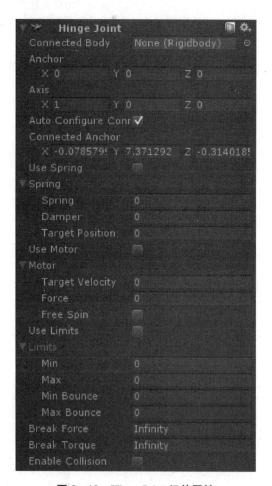

**图 8‐18　Hinge Joint 组件属性**

Hinge Joint 属性参数如表 8‐11 所示。

表 8 – 11　铰链关节属性参数

| 属　　性 | 功　　能 |
|---|---|
| 连接体(Connected Body) | 对关节(Joint)所依赖的刚体(Rigidbody)的可选引用。如果未设置，则关节(Joint)连接到世界坐标 |
| 锚点(Anchor) | 主体围绕其摇摆的轴的位置。该位置在局部坐标空间中定义 |
| 轴(Axis) | 主体围绕其摇摆的轴的方向。该方向在局部坐标空间中定义 |
| 自动配置连接体锚点(Auto Configure Connected Anchor) | 是否启用此选项，若启用，则连接体锚点(Connected Anchor)的 XYZ 表示的是连接体相对于当前物体的坐标值 |
| 连接体锚点(Connected Anchor) | 连接体锚点坐标值 |
| 使用弹簧(Use Spring) | 弹簧(Spring)使刚体(Rigidbody)相对于其连接体达到特定角度 |
| 弹簧(Spring) | 启用使用弹簧(Use Spring)时使用的弹簧(Spring)的属性 |
| 弹簧(Spring) | 对象为移动到位所施加的力 |
| 阻尼(Damper) | 此值越高，对象减慢的幅度越大 |
| 目标位置(Target Position) | 弹簧(Spring)的目标角度。弹簧(Spring)会拉向此角度(以度数为单位测量) |
| 使用电机(Use Motor) | 电机使对象旋转 |
| 电机(Motor) | 启用使用电机(Use Motor)时使用的电机(Motor)的属性 |
| 目标速率(Target Velocity) | 对象尝试达到的速度 |
| 力(Force) | 为达到该速度而应用的力 |
| 自由旋转(Free Spin) | 如果启用，则电机从不用于对旋转制动，仅进行加速 |
| 使用限制(Use Limits) | 如果启用，则铰链角度会限制在最小(Min)和最大(Max)值内 |
| 限制(Limits) | 启用使用限制(Use Limits)s 时使用的限制(Limits)的属性 |
| 最小(Min) | 旋转可以达到的最小角度 |
| 最大(Max) | 旋转可以达到的最大角度 |
| 最小反弹(Min Bounce) | 对象在命中最小停止时反弹的量 |
| 最大反弹(Max Bounce) | 对象在命中最大停止时反弹的量 |
| 折断力(Break Force) | 用于设置铰链关节断开的作用力 |
| 折断扭矩(Break Torque) | 用于设置断开关节所需的扭矩 |

注意：

(1) 关节的连接体(Connected Body)属性是非必需的。关节(Joint)会在默认情况下连接到世界坐标。只有希望关节(Joint)的变换依赖于附加对象的变换时，才将游戏对象(GameObject)分配给连接体(Connected Body)属性。

(2) 使用折断力(Break Force)可创建动态损坏系统。

(3) 使用弹簧(Spring)、电机(Motor)和限制(Limits)属性可以微调关节(Joint)的行为。

### 2. Fixed Joint：固定关节

固定关节(FixedJoint)将两个刚体粘连在一起，当一个刚体运动时会带动另外一个刚体运动，效果类似于父子关系。两个粘连的物体，可以通过物理作用使其断开，当关节受到超过关节断裂作用力时，固定关节会断开。

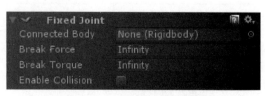

图 8 – 19　Fixed Joint 组件属性

添加方法：依次选择菜单栏"Component→Physics→Fixed Joint"选项即可，如图 8 – 19 所示。

表 8 – 12 为固定关节属性参数。

表 8-12    固定关节属性参数

| 属    性 | 功    能 |
|---|---|
| 连接体(Connected Body) | 对关节(Joint)所依赖的刚体(Rigidbody)的可选引用。如果未设置,则关节(Joint)连接到世界坐标 |
| 折断力(Break Force) | 为使此关节(Joint)折断而需要应用的力 |
| 折断扭矩(Break Torque) | 为使此关节(Joint)折断而需要应用的扭矩 |

### 3. Spring Joint:弹簧关节

弹簧关节(Joint Spring)用于模拟两个刚体之间用弹簧连接的效果。当 2 个刚体之间的距离发生变化时,弹簧关节会产生弹力或者拉力来恢复刚体之间的初始距离。

添加方法:依次选择菜单栏"Component→Physics→Spring Joint"选项即可,如图 8-20 所示。

表 8-13 列出了弹簧关节属性参数。

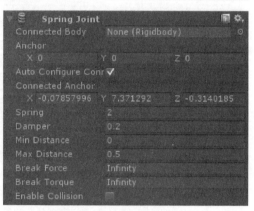

图 8-20    Spring Joint 组件属性

表 8-13    弹簧关节属性参数

| 属    性 | 功    能 |
|---|---|
| 连接体(Connected Body) | 对关节(Joint)所依赖的刚体(Rigidbody)的可选引用 |
| 锚点(Anchor) | 对象局部坐标空间中定义关节(Joint)中心的位置(静止时)。这不是对象将弹向的点 |
| X、Y、Z | 关节(Joint)局部坐标中心沿 X/Y/Z 轴的位置 |
| 自动配置连接体锚点(Auto Configure Connected Anchor) | 是否启用此选项,若启用,则连接体锚点(Connected Anchor)的 XYZ 表示的是连接体相对于当前物体的坐标值 |
| 连接体锚点(Connected Anchor) | 连接体锚点坐标值 |
| 弹簧(Spring) | 弹簧的强度 |
| 阻尼(Damper) | 弹簧的阻尼系数;阻尼系数越大,弹簧强度减小的幅度越大 |
| 最小距离(Min Distance) | 大于此值的距离不会使弹簧激活 |
| 最大距离(Max Distance) | 小于此值的距离不会使弹簧激活 |
| 折断力(Break Force) | 使此关节(Joint)折断所需的力 |
| 折断扭矩(Break Torque) | 使此关节(Joint)折断所需的扭矩 |

注意:
(1) 无需将连接刚体(Connected Rigidbody)用于关节(Joint)即可使其工作。
(2) 弹簧(Spring)是将对象朝其"目标"位置拉回的力的强度。如果此值为 0,则不会有拉动对象的力,行为方式如同根本未附加弹簧关节(Spring Joint)时一样。
(3) 如果对象位置处于最小距离(Min Distances)与最大距离(Max Distances)之间,则不会将关节(Joint)应用于对象。位置必须移动超出这些值范围才能使关节(Joint)激活。

### 4. Character Joint:角色关节

角色关节( Character Joint )主要用于模拟布娃娃效果(ragdoll)。角色关节可以看作一个扩展的球型关节,可以设置 2 个旋转轴,可以对每个旋转轴设置旋转限制。

添加方法:依次选择菜单栏"Component→Physics→Character Joint"选项即可,如图 8 - 21 所示。

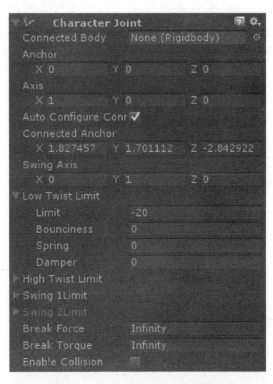

图 8 - 21 Character Joint 组件属性

表 8 - 14 列出了角色关节属性参数。

表 8 - 14 角色关节属性参数

| 属 性 | 功 能 |
| --- | --- |
| 连接体(Connected Body) | 对关节(Joint)所依赖的刚体(Rigidbody)的可选引用。如果未设置,则关节(Joint)连接到世界坐标 |
| 锚点(Anchor) | 游戏对象(GameObject)局部坐标空间中关节(Joint)围绕旋转的点 |
| 轴(Axis) | 扭曲轴,通过橙色小图示锥形进行展示 |
| 摇摆轴(Swing Axis) | 摇摆轴,通过绿色小图示锥形进行展示 |
| 扭曲下限(Low Twist Limit) | 关节(Joint)的下限 |
| 扭曲上限(High Twist Limit) | 关节(Joint)的上限 |
| 摇摆 1 限制(Swing 1 Limit) | 有关定义的摇摆轴(Swing Axis) 的下限 |
| 摇摆 2 限制(Swing 2 Limit) | 有关定义的摇摆轴(Swing Axis) 的上限 |
| 折断力(Break Force) | 为使此关节(Joint)折断而需要应用的力 |
| 折断扭矩(Break Torque) | 为使此关节(Joint)折断而需要应用的扭矩 |

注意:
(1) 扭曲下限(Low Twist Limit)→限制(Limit) 中的−30 值和扭曲上限(High Twist Limit)→限制(Limit)中的 60 将围绕扭曲轴(橙色小图示)的旋转限制在−30 与 60 度之间。
(2) 摇摆 1 限制(Swing 1 Limit)限制围绕摇摆轴(绿色轴)的旋转。限制角度是对称的。因而例如值为 30,会将旋转限制在−30 与 30 之间。
(3) 摇摆 2 限制(Swing 2 Limit) 轴没有小图示,但是该轴与其他 2 个轴正交。如同前一个轴一样,该限制是对称的,因而例如值为 40,会将围绕该轴的旋转限制在−40 与 40 之间。

### 5. Configurable Joint：可配置关节

可配置关节（Configurable Joint）是一种可以完全自定义各种参数的关节类型，可配置关节将
PhysX 引擎中所有与关节相关的属性都设置为可配置的，因此开发者可以创造出与其他关节类型行为
相似的关节。可配置关节主要有 2 类功能：移动/旋转限制 以及移动/旋转加速。

添加方法：依次选择菜单栏“Component→Physics→Configurable Joint”选项即可，如图 8 - 22
所示。

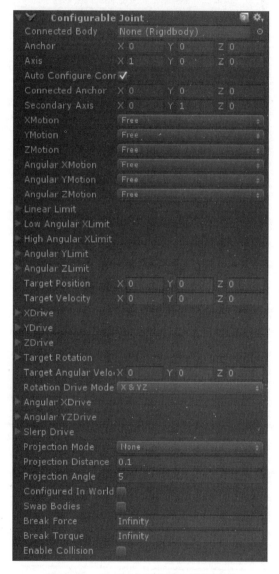

**图 8 - 22　Configurable Joint 组件属性**

可配置关节属性参数如表 8 - 15 所示。

**表 8 - 15　可配置关节属性参数**

| 属　　　性 | 功　　　能 |
| --- | --- |
| 连接体（Connected Body） | 对关节（Joint）所依赖的刚体（Rigidbody）的可选引用。如果未设置，则关节（Joint）连接到世界坐标 |
| 锚点（Anchor） | 定义关节（Joint）中心的点。所有基于物理的模拟都使用此点作为计算的中心 |

| 属　　性 | 功　　能 |
| --- | --- |
| 轴（Axis） | 基于物理模拟定义对象自然旋转的局部坐标轴 |
| 自动配置连接体锚点（Auto Configure Connected Anchor） | 是否启用此选项，若启用，则连接体锚点（Connected Anchor）的 XYZ 表示的是连接体相对于当前物体的坐标值 |
| 连接体锚点（Connected Anchor） | 连接体锚点坐标值 |
| 辅助轴（Secondary Axis） | 轴（Axis）和辅助轴（Secondary Axis）定义关节（Joint）的局部坐标系。第三个轴设置为与其他两个轴正交。 |
| X 运动（XMotion） | 允许沿 X 轴的移动为"自由"（Free）、完全"锁定"（Locked）或"受限"（Limited） |
| Y 运动（YMotion） | 允许沿 Y 轴的移动为"自由"（Free）、完全"锁定"（Locked）或"受限"（Limited） |
| Z 运动（ZMotion） | 允许沿 Z 轴的移动为"自由"（Free）、完全"锁定"（Locked）或"受限"（Limited） |
| X 角运动（Angular XMotion） | 允许围绕 X 轴的旋转为"自由"（Free）、完全"锁定"（Locked）或"受限"（Limited） |
| Y 角运动（Angular YMotion） | 允许围绕 Y 轴的旋转为"自由"（Free）、完全"锁定"（Locked）或"受限"（Limited） |
| Z 角运动（Angular ZMotion | 允许围绕 Z 轴的旋转为"自由"（Free）、完全"锁定"（Locked）或"受限"（Limited） |
| 线性限制（Linear Limit） | 用于基于相对于关节（Joint）原点的距离定义移动限制的边界 |
| 限制（Limit） | 单位计的从原点到边界墙壁的距离 |
| 弹力（Bouncyness） | 当对象达到限制（Limit）时应用于对象的弹回力的量 |
| 弹簧（Spring） | 为将对象移动回限制（Limit）而应用的力的强度任何非 0 数值都会隐式地软化边界 |
| 阻尼（Damper） | 对弹簧（Spring）的阻力强度 |
| X 角下限（Low Angular XLimit） | 用于基于相对于原始旋转的差值定义旋转下限的边界 |
| 限制（Limit） | 对象旋转不应低于的旋转（以度数为单位） |
| 弹力（Bouncyness） | 当对象旋转达到限制（Limit）时应用于对象的弹回扭矩的量 |
| 弹簧（Spring） | 为将对象移动回限制（Limit）而应用的力的强度任何非 0 数值都会隐式地软化边界 |
| 阻尼（Damper） | 对弹簧（Spring）的阻力强度 |
| X 角上限（High Angular XLimit） | 用于基于相对于原始旋转的差值定义旋转上限的边界 |
| Y 角限制（Angular YLimit） | 用于基于相对于原始旋转的差值定义旋转限制的边界 |
| Z 角限制（Angular ZLimit） | 用于基于相对于原始旋转的差值定义旋转限制的边界 |
| 目标位置（Target Position） | 关节（Joint）应移动到的所需位置 |
| 目标速率（Target Velocity） | 关节（Joint）移动时应采用的所需速率 |
| X 驱动（XDrive） | 关节（Joint）移动沿其局部坐标 X 轴的行为方式的定义 |
| 模式（Mode） | 根据目标位置（Target Position）、目标速率（Target Velocity）或两者设置以下属性 |
| 位置弹簧（Position Spring） | 朝定义方向拉橡皮筋的力度。仅在模式（Mode）包含位置（Position）时使用 |
| 位置阻尼（Position Damper） | 对位置弹簧（Position Spring）的阻力强度。仅在模式（Mode）包含位置（Position）时使用 |
| 最大力（Maximum Force） | 将物体朝定义方向推动的力度。仅在模式（Mode）包含速率（Velocity）时使用 |

续　表

| 属　性 | 功　能 |
|---|---|
| Y 驱动（YDrive） | 定义关节如何沿 Y 轴运动 |
| ZDrive Z 轴驱动 | 定义关节如何沿 Z 轴运动 |
| 目标旋转（Target Rotation） | 目标旋转是一个四元数。它定义了关节的旋转目标 |
| 目标角速度（Target Angular Velocity） | 目标角速度是一个三维向量。它定义了关节的旋转角速度目标 |
| 旋转驱动模式（Rotation Drive Mode） | 用 XYZ 角驱动或插值驱动控制物体的旋转 |
| X 轴角驱动（Angular Xdrive） | 定义关节如何绕 X 轴旋转 |
| 模式（Mode） | 可以设置为目标旋转、目标角速度或两者都是 |
| 位置弹簧（Position Spring） | 朝着预定义的方向的橡皮的拉力。只有当模式中包含目标位置时才有效 |
| 位置阻尼（Position Damper） | 抵抗位置弹簧的力量。只有当模式中包含目标位置时才有效 |
| 最大力（Maximum Force） | 使物体到达预定义方向的力。只有当模式中包含目标速度时才有效 |
| YZ 轴角驱动（Angular YZDrive） | 定义关节如何绕 Y 轴和 Z 轴旋转 |
| 插值驱动（Slerp Drive） | 定义关节如何绕所有局部旋转轴旋转。只有当旋转驱动模式为插值时才有效 |
| 模式（Mode） | 可以设置为目标旋转、目标角速度或两者都是 |
| 位置弹簧（Position Spring） | 朝着预定义的方向的橡皮的拉力。只有当模式中包含目标位置时才有效 |
| 位置阻尼（Position Damper） | 抵抗位置弹簧的力量。只有当模式中包含目标位置时才有效 |
| 最大力（Maximum Force） | 使物体到达预定义方向的力。只有当模式中包含目标速度时才有效 |
| 投影模式（Projection Mode） | 用于跟踪以在对象偏离太多时使对象对齐回其受约束位置的属性 |
| 投影距离（Projection Distance） | 与对象突然重返可接受位置之前必须超过的连接体（Connected Body）之间的距离 |
| 投影角度（Projection Angle） | 与对象对齐回可接受位置之前必须超过的连接体（Connected Body）之间的角度差 |
| 在世界坐标空间中配置（Congfigure in World Space） | 如果启用，则会在世界坐标空间而不是对象的局部坐标空间中计算所有目标值 |
| 折断力（Break Force） | 超过此数字的应用力值会导致关节（Joint）毁坏 |
| 折断扭矩（Break Torque） | 超过此数字的应用扭矩值会导致关节（Joint）毁坏 |

# 8.6　物理引擎实例（适用专业：综合应用、程序开发）

该实例以第三人称视角控制游戏中的小车，游戏规则是在一定的时间内，通过检测小车是否与场景中的降落伞碰撞，来判断是否完成任务。在限定的时间内，获得场景中全部的降落伞，则游戏取得胜利。

启动 Unity 应用程序，依次打开配套光盘中\chapter07\RobotLab 工程，打开 Empty 游戏场景，如图 8-23 所示。

**图 8-23 场景预览**

将 prop_parachuteCrate. fbx 和 vehicle_rcLand_clean. fbx 文件添加到游戏场景中，同时为两个模型添加父物体，并分别命名为：Parachute 和 Player，如图 8-24 所示。

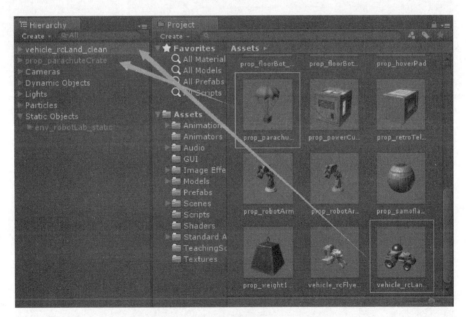

**图 8-24 为场景添加游戏对象**

选中 Parachute 游戏对象，设置其 Scale 为 0.5，0.5，0.5，Player 对象的 Scale 保持为默认值，如图 8-25 所示。

为 Parachute 游戏对象添加 BoxCollider，选择 BoxCollider 组件的 Is Trigger 属性；为 Player 游戏对象添加 CapsuleCollider 组件，并为 Player 添加 Rigidbody 组件，调整碰撞器的大小和位置至合适位置，如图 8-26(a)、(b)所示。

选中 Parachute 的游戏对象，添加 Aniamtion 组件。打开 Aniamtion 窗口，对其自身 BoxCollider 的

**图 8-25　设置游戏对象大小**

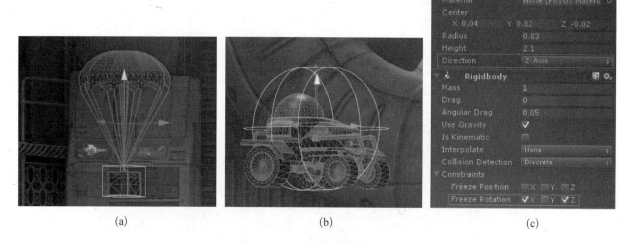

(a)　　　　　　　　　　　　(b)　　　　　　　　　　　　(c)

**图 8-26　添加和设置碰撞器**

注意：Player 游戏对象，如图 8-26(c)的参数设置。

Center 和子物体的 Position，都在 Y 方向上简单做出位移变换，进行录制动画，如图 8-27 所示。动画命名为"Parachute Aniamtion"，根据需求设置动画循环模式。

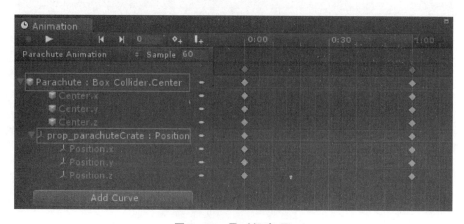

**图 8-27　录 制 动 画**

选中 Parachute 的游戏对象,设置其标签为"Pickup",如图 8‐28 所示。

图 8‐28　设 置 标 签

禁用场景中原有的摄像机,重新创建摄像机,将其作为 Player 对象的子物体,并调整合适视角,如图 8‐29 所示。

图 8‐29　调 整 视 角

此时 Player 暂时无法进行操作控制,所以必须为 Player 对象添加脚本的控制脚本,新建 C♯文件,并命名该文件为 PlayerControl.cs,如图 8‐30 所示。

双击 PlayerControl.cs 文件,为该脚本文件编写如下代码:

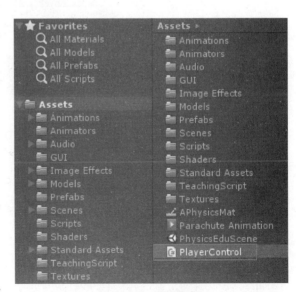

图 8‐30　创建脚本

```
using UnityEngine;
using System.Collections;
public class PlayerControl:MonoBehaviour
{
    public float movementSpeed = 6.0f;  // Player 运动的速率
    private Vector3 horizontalMovement;  // Player 的旋转
    private Vector3 verticalMovement;  // Player 的前后运动
```

```
void Update ()
{
verticalMovement = Input.GetAxis("Vertical") *
this.transform.forward * movementSpeed;
this.transform.Rotate (0,Input.GetAxis("Horizontal"),0);
rigidbody.AddForce(verticalMovement, ForceMode.Force);
}
void OnTriggerEnter   (Collider other)
{
    //判断 Player 是否与 Parachute 对象发生碰撞
    if (other.tag = = "Pickup")
    {
        Destroy(other.gameObject);    //销毁对象
    }
    else
    {
        //与其他对象的碰撞
    }
}
}
```

脚本编写完成后,拖动 PlayerControl. cs 脚本文件至 Hierarchy 视图中的 Player 对象上,如图 8-31 所示。

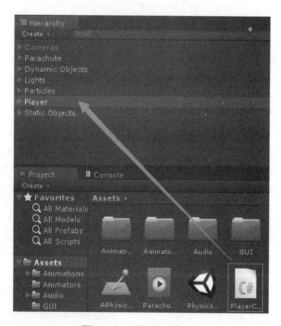

**图 8-31　添 加 脚 本**

完成脚本的添加后,单击"Play"按钮测试游戏,发现此时 Player 游戏对象可以使用方向键进行控制,如图 8-32 所示。

Player 对象的控制功能实现后,下面添加多个 Parachute 对象到场景中。可通过复制的方法,将 Parachute 对象放置在 Player 可到达的地方。

图 8-32 测试控制脚本

新建空对象,并命名该对象名称为 ParachuteS,将所以 Parachute 对象设置为该对象的子物体,方便统一管理,如图 8-33 所示。

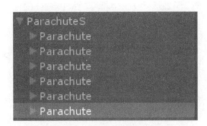

图 8-33 管理游戏对象

将 Parachute 对象依次摆放在场景中的不同位置处,如图 8-34 所示。

图 8-34 放置游戏对象

单击"Play"按钮测试游戏,当控制的 Player 与 Parachute 对象碰撞时,Parachute 对象会消失,如图 8-35(a)、(b)所示。

在 Project 视图中,单击右键创建一个 GUISkin,并作如下图 8-36 所示,设置 FontSize 为合适的数值,此处设置为 40。

限定一分钟之内,需要 Player 对象碰撞销毁场景中的所有 Parachute 对象,若任务没有完成,则失败重新开始游戏。新建 C♯脚本,并为其命名为"GameManagerScript",脚本文件编写如下:

 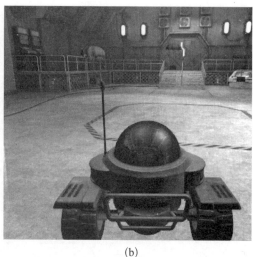

(a)                                      (b)

**图 8 - 35 对象碰撞**

(a) 未碰撞　(b) 已碰撞

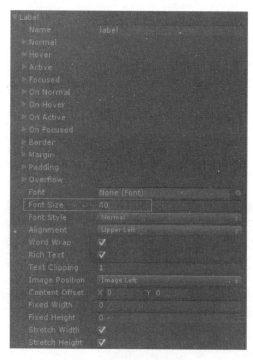

**图 8 - 36 设置 UI 字体大小**

```
using UnityEngine;
using System.Collections;
public class GameManagerScript：MonoBehaviour
{
    public int parachuteNum；    //储存 Parachute 对象数量
    public static int temp_Num；  //销毁时记录销毁的数量
    public GUISkin myGUIskin；    //创建自己的 GUISkin
    int timer；    //计时器限定一分钟
    int time_T；    //储存游戏结束时当前的 Time.time 值
```

```csharp
    bool isWin = false ;    //判断是否赢了
    bool isLose = false;    //判断是否输了
    void Start ()
    {
        Time.timeScale = 1;
        GameObject [] objs = GameObject.FindGameObjectsWithTag ("Pickup");
        parachuteNum = objs.Length;
        time_T = (int)Time.time;
    }
    void Update ()
    {
        timer = 60 - (int)Time.time + time_T;
        //判断赢的条件,另 temp_Num 需要在销毁 Parachute 时进行累加
        if (temp_Num = = parachuteNum&&timer ! = 0)
        {
            isWin = true;
        }
        if (timer = = 0&&temp_Num! = parachuteNum) //判断输的条件
        {
            isLose = true;
        }
    }
    void OnGUI()   //根据条件绘制按钮,重新加载场景
    {
        GUI.skin = myGUIskin;   //使用自己创建的 GUISkin
        GUI.Label (new Rect (0,0,100,50),timer . ToString ());   //在屏幕上显示倒计时
时间
        if (isWin = = true||isLose = = true ) //无论输赢都会重新加载场景
        {
            Time.timeScale = 0;
            if (GUI.Button (new Rect (Screen.width /2f,Screen.height /2f,100,50),"Play
Again!"))
            {
                isWin = false ;
                isLose = false ;
                temp_Num = 0; //将销毁时记录的数据清零
                Application .LoadLevel("Empty"); //加载场景
            }
        }
    }
}
```

将 GameManagerScript.cs 文件指定给 ParachuteS 游戏对象,如图 8 - 37 所示。

至此,疯狂的小车游戏就制作完成了,最终效果如图 8 - 38 所示。

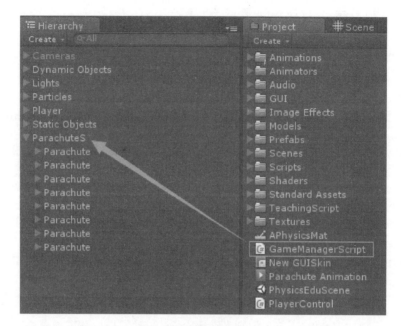

图 8-37 添 加 脚 本

图 8-38 测 试 结 果

# 第 9 章
# 光照贴图技术(适用专业：视觉艺术、综合应用)

## 9.1 概述

Lightmapping(光照贴图技术)是一种增强静态场景光照效果的技术,它可以通过较少的性能消耗使得静态场景看上去更真实、丰富以及更具有立体感,如图 9-1 所示。

需要注意的是：同其他引擎一样,该技术不能被用来实时地处理动态光照。

**图 9-1 光照贴图效果**

与 Lightmapping 相关的功能已经被完全整合在 Unity 引擎中,Unity 使用的是 Autodesk 的 Beast 插件,并提供了相应的用户界面。在 Unity 中使用 Lightmapping 非常方便,利用简单的操作就可以制作出平滑、真实且不生硬的光影效果。

## 9.2 烘焙 Lightmap 的简单示例

启动 Unity 程序,打开光盘\chapter09\VrRoom 工程中的 RealLight 场景,场景中目前的灯光已经摆放完成,实时灯光的房间效果如图 9-2 所示。

在烘焙前需要注意,所要烘焙物体的 mesh 必须要有合适的 lightmapping uv。如果不确定的话,就在导入模型设置中勾选 Generate Lightmap Uvs,如图 9-3 所示。

选中相应的游戏对象,在 Inspector 视图中,选择 Static 项目边的小三角图标,在弹出的下拉列表中

图 9-2　光照贴图未烘焙效果

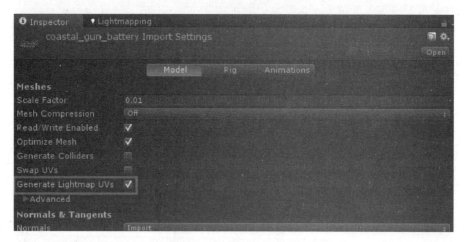

图 9-3　生成 Lightmap uv

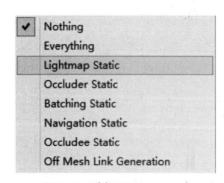

图 9-4　选择 Lightmap static

选择"Lightmap static"（见图 9-4），或者直接选择该对象的"Static"项，将所选中的游戏对象标记为静态对象，即通知 Unity 这些物体是不会移动的静态物体，这类游戏对象将会参与到光照图的烘焙。

依次选择菜单栏中的"Window→Lightmapping"选项，会弹出"Lightmapping"视图。选中场景中的方向光源，在"Lightmapping"视图中的"Object"标签页下会出现该光源的设置，按图 9-5 配置光源参数。

在"Lightmapping"视图中的"Bake"标签页下将 Mode 项选择为 Single Lightmaps 类型，如图 9-6 所示，Quality 设置为 Low（仅是方便快速烘焙）。

更改 Bounces 数值为 2，设置 Sky Light Intensity 为 0.4，如图 9-7 所示（注：非 Pro 版本的 Unity 是没有 Sky Light 选项的）。

调整 Resolution（光照图分辨率）数值到 60，让光影细节更精细些，如图 9-8 所示。

图 9-5　光源参数配置

图 9-6　烘焙模式选择

图 9-7　参　数　设　置

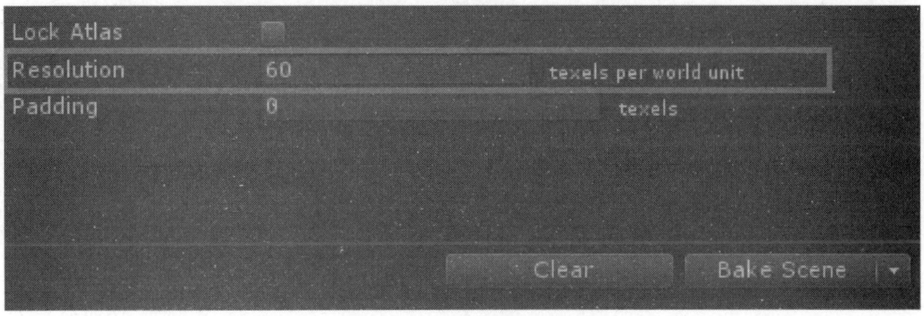

图 9-8　分辨率设置

在"Scene"视图右下角的位置,在"Lightmap Display"对话框中选择"Show Resolution"选项,即可看到光照图在模型上的分辨率,如图 9-9 所示。

单击"Lightmapping"视图右下角的"Bake Scene"按钮(见图 9-10),即开始生成 Lightmaps。同时 Unity 主窗口右下角会出现进度条。

待进度条完成后,结果会在 Scene 视图中显示烘焙的结果,如图 9-11 所示。(由于目前 Quality 设

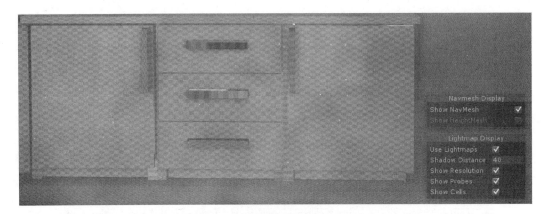

图 9-9 显示分辨率

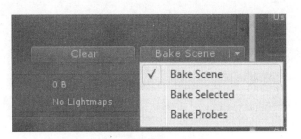

图 9-10 烘 焙 场 景

图 9-11 烘 焙 效 果

置为 Low,所以烘焙图像质量较低,方便调整,若最终确认效果后烘焙,可选择 Quality 为 High。)

# 9.3 烘焙相关的参数详解

当选中 Lightmapping 窗口中的 Object(对象)选项卡时,下方会按照场景中所选中的不同对象来显示不同的参数。

### 1. All：所有,标签页中参数

所有标签页中的参数如图 9-12 所示。

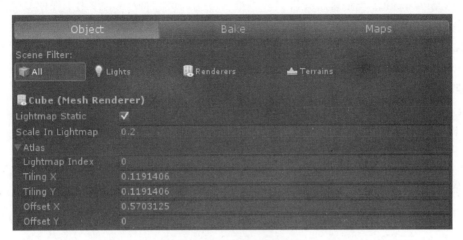

图 9-12　All 选项参数

(1) Lightmap Static：选择表示该物体将参与烘焙。

(2) Scale In Lightmap：分辨率缩放,可以使不同的物体具有不同的光照精度。比如某些远景物体可以采用较低的分辨率,从而节省一些光照贴图的存储空间。默认值为 1。

(3) Lightmap Index：渲染时所使用的光照图索引。在图 8-14 中,该值为 0,表示渲染时使用烘焙出来的第一张光照图。该属性默认为 255,表示渲染时不使用光照图。

(4) Tiling X/Y 和 Offset X/Y 共同决定了一个游戏对象的光照信息在整张光照图中的位置、区域。

### 2. Lights：光源参数

光源参数如图 9-13 所示。

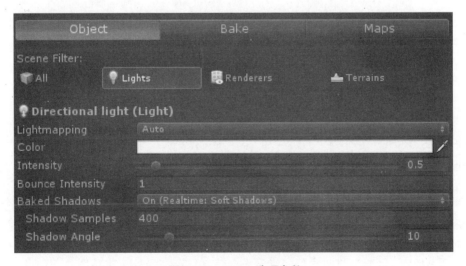

图 9-13　Lights 选项参数

(1) Lightmapping：该项有 3 种类型可供选择：

① RealtimeOnly：选择该类型即光源不参与烘焙,只作用于实时光照。

② Auto：选择该类型光源会在不同的情况下做不同响应。在烘焙时,该光源会作用于所有参与烘焙的物体;在实际游戏运行中,该光源则会作为实时光源作用于那些动态的或者没有参与过烘焙的物

体,而不作用于烘焙过的静态物体。在使用 Dual Lightmaps 的情况下,对于小于阴影距离(Shadow Distance,Unity 中用于实时生成阴影的范围,范围之外将不进行实时生成阴影)的物体,该光源将作为实时光源作用于这些物体,不管是静态还是动态。

③ BakedOnly:选择该类型表示光源只在烘焙时使用,其他时间将不作用于任何物体。

(2) Color:光源颜色。

(3) Intensity:光线强度。

(4) Bounce Intensity:光线反射强度。

(5) Baked Shadows:烘焙阴影。该项有 3 种类型可供选择:

① Off:勾选该项光源对象将不产生阴影。

② On(Realtime:Hard Shadows):勾选该项光源对象将产生轮廓生硬的阴影。

③ On(Realtime:Soft Shadows):勾选该项光源对象将产生平滑阴影。

### 3. Bake 烘焙参数

当选中 Lightmapping 窗口中 Bake(烘焙)选项的时候会显示烘焙相关参数,如图 9-14 所示。

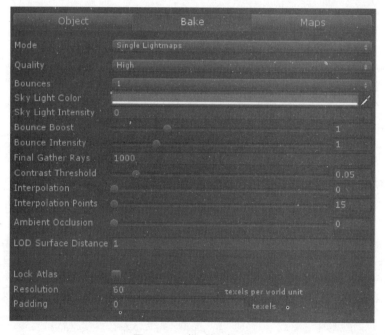

图 9-14 烘 焙 选 项

(1) Mode:映射方法。该项有 3 种类型可供选择:

① Single Lightmaps:是最简单直接的方法。

② Dual Lightmaps:是 Unity 特有的映射方法,该方法在近处使用实时光照和部分 Lightmap 光照,在远处则使用 Lightmap 光照,同时在实时光影和静态光影之间做平滑过渡,从而使动态光照和静态光照很好的融合。

③ Directional Lightmaps:是 Unity 提供的一个较新的 Lightmapping 方法,该方法一方面将光影信息保存在光照贴图上,同时还将收集到的光源方向信息保存在另外一张贴图中,从而可以在没有实时光源的情况下完成 Bump/Spec 映射,同时也还原了普通光照图的光影效果。

(2) Quality:生成光照贴图的质量。

(3) Bounces:光线反射次数。次数越多,反射越均匀。

(4) Sky Light Color:天空光颜色。

(5) Sky Light Intensity:天空光强度,该值为 0 时,则天空色无效。

(6) Bounces Boost：加强间接光照，用来增加间接反射的光照量，从而延续一些反射光照的范围。

(7) Bounces Intensity：反射光线强度的倍增值。

(8) Final Gather Rays：光照图中每一个单元采光点用来采集光线时所发出的射线数量，数量越大，采光质量越好。

(9) Interpolation：控制采光点颜色的插值方式，0 为线性插值，1 为梯度插值。

(10) Interpolation Points：用于插值的采光点个数。个数越多，结果越平滑，但是过多的数量也可能会把一些细节模糊掉。

(11) Ambient Occlusion：环境光遮蔽效果。

(12) LOD Surface Distance：用于从高模到低模计算光照图的最大世界空间距离。类似于从高模到低模来生成法线贴图的过程。

(13) Lock Atlas，选择此选项，会将所有物体所用的光照图区域锁定，即将物体使用光照图相关的 Tiling X/Y 和 Offset X/Y 属性锁定，同时也将不可以再调整光照贴图的分辨率属性以及添加新的烘焙物体到光照图。

(14) Resolution：光照贴图分辨率。选择视图窗口右下角 Lightmap Display 面板的 Show Resolution 选项，即可显示单元大小。假设 Resolution 值为 50，那么在 10 * 10 个单位面积的平面网格上将占用光照贴图上 500 * 500 个像素的空间。

### 4. Maps：光照贴图信息

Maps 选项记录了光照贴图信息的参数，如图 9-15 所示。

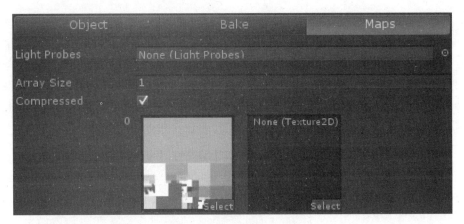

图 9-15　光照贴图信息面板

(1) Light Probes：用于设置当前使用的 Light Probes Group 的引用。

(2) Array Size：用于设置光照贴图个数。

(3) Compressed：勾选该项则启用使用压缩纹理格式。

## 9.4　三种 Lightmapping 方式的比较

在光照贴图烘焙参数中有一项 Mode(模式)选项，可选择三种不同的烘焙映射模式，以下对三种模式作出分析。

### 1. Single Lightmaps

该类型是最简单的一种 Lightmapping 方式，对性能及空间的消耗相对较小。可以很好地表现出大多数静态场景的光影效果。但它在作用于游戏对象时不会考虑到使用 Bump/Spec Shader 类型的材质，这是因为这类材质需要在实时光源照射下才会起作用。另外，所烘焙出来的光照图不能作用于场景中的动态物体，如图 9 - 16 所示。

图 9 - 16　Single Lightmaps 效果

### 2. Dual Lightmaps

如果用户希望在大的游戏场景中表现较多的光影细节（见图 9 - 17），同时希望多一些实时光影或使动态物体和静态物体的光影融合的更协调一些，且不会因为场景过大而没有足够的性能来完成这些工作的话，Dual Lightmaps 是满足这样需求的一个理想方案，它会自动生成远近两套光照贴图，通过摄像机的远近距离选择进行动态切换。

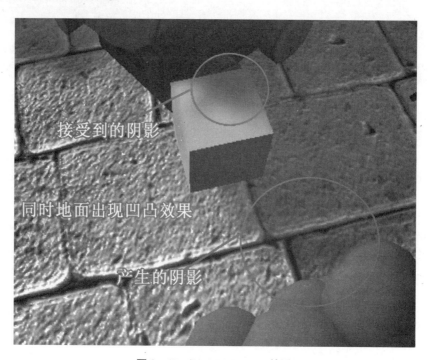

图 9 - 17　Dual Lightmaps 效果

### 3. Directional Lightmaps

Directional Lightmaps 可以使静态物体在利用光照贴图进行光照的同时混合实时 Bump/Spec 映射的效果，从而丰富整个场景的光影细节，让场景看上去更加生动逼真。它和 Dual Lightmaps 的区别是：Directional Lightmaps 是作用于整个场景的，不受距离的限制，而且可以在没有实时光源的条件下产生实时 Bump/Spec 映射，这是因为光源信息已经被保存到了 Scale 光照图中。

Directional Lightmaps 和 Single Lightmaps 一样，会在与动态物体交互的地方产生双重阴影。图 9-18 是 Directional Lightmaps 与 Single Lightmaps 的对比图。

**图 9-18　Directional Lightmaps 与 Single Lightmaps**

## 9.5　Light Probes

### 1. Light Probes 概念

尽管 Lightmapping 已经能为游戏场景中的静态对象带来真实的光影，但是 Lightmapping 不能将同样的效果作用到动态游戏对象上，因此动态游戏对象不能很好地融合在静态场景中，它的光影会显得比较突兀，和静态场景脱节。

为了能让动态对象很好地融入场景，如果要为动态对象实时地生成 Lightmap，目前来说是不太可能的，不过可以使用另一种在效果上近似、在性能上也可行的方法：Light Probes。Light Probes 的原理是在场景空间中放置一些探测器（见图 9-19），收集周围的明暗信息，然后对动态对象邻近的几个探测器的进行插值运算，并将插值结果作用于动态对象上。插值运算并不会耗费多少的性能，从而实现了动态游戏对象和静态场景的实时融合的效果。

### 2. Light Probes 使用示例

启动 Unity 应用程序，打开光盘中 chapter09\Stealth 项目中的 Practice 场景，场景中布置了若干灯光，如图 9-20 所示。

选择场景中任意一个游戏对象，或新建一个 GameObject 并选中，依次选择菜单中的"Componnet→

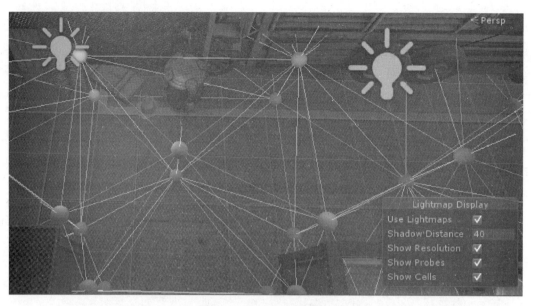

图 9-19 光照探测器

图 9-20 Practice 场景

Rendering→Light Probe Group"选项,为所选择的游戏对象添加 Light Probes Group 组件,同时在"Inspector"视图中可以看到该组件的属性,如图 9-21 所示。

图 9-21 光照探测器属性

　　为游戏场景布置探测器,单击"Inspector"视图中"Light Probes Group"选项中的"Add Probe"按钮,一个蓝色小球探测器便出现在场景中。可以像移动其他游戏对象一样来摆放它的位置,如图 9-22 所示。

　　选中该探测器,在"Inspector"视图单击"Light Probes Group"项中的"Duplicate Selected"按钮,即可在该探测器位置上复制出另一个探测器,可以将其移动到另一个位置。重复上述操作,为场景添加多个探测器,如图 9-23 所示。

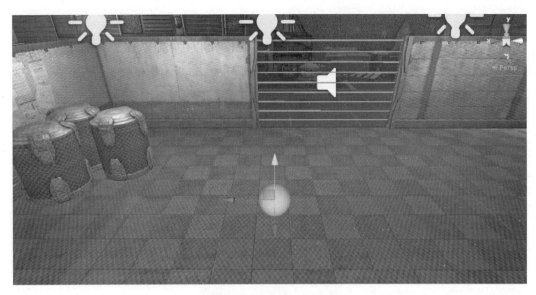

图 9-22　摆 放 探 测 器

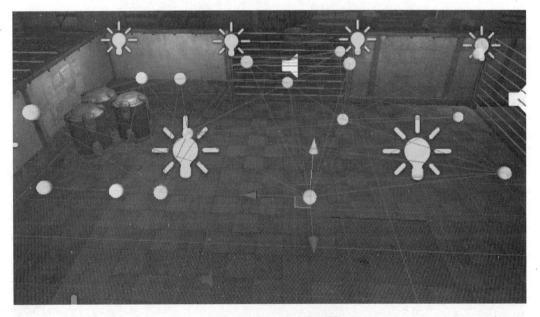

图 9-23　添加多个探测器

　　单击"Lightmapping"窗口中的"Bake Scene"按钮烘焙游戏场景(也可以选择 Bake Probes 仅烘焙光照探测器)，在烘焙完成之后，所有的探测器都赋予了探测器所在位置的光影信息。当"Lightmapping"窗口打开时，可以在"Scene"视图中看到所烘焙出来的探测器及采样结果，如图 9-24 所示。

　　经过上面步骤的操作，为游戏场景添加 Light Probes 的工作就完成了。接下来创建动态物体，来测试一下 Light Probes 的功能。通过选择"GameObject→Create Other→Sphere"选项创建一个球体并选中该球体，在"Inspector"视图下的"Mesh Renderer"项中，选择 Use Light Probes 选项，如图 9-25 所示，即可使用 Light Probes 来照亮该对象。

　　关闭场景中所有的灯光(可将灯光对象的 Light 组件关闭)，此时在场景中移动新建的球体对象，即可看到 Light Probes 实时照亮这个球体对象的结果，如图 9-26 所示。

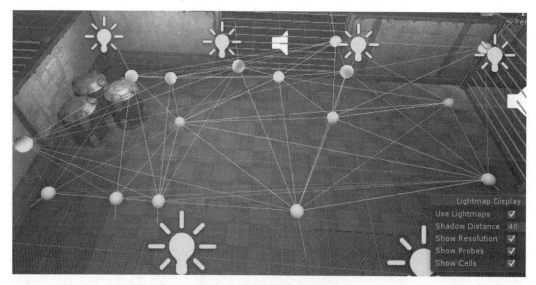

图 9‑24　烘焙光照探测器

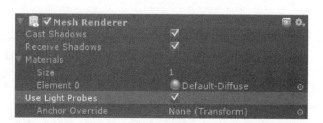

图 9‑25　勾选 Use Light Probes 选项

图 9‑26　Light Probe 照亮动态对象

### 3. Light Probes 应用细节

通常,布置 Light Probes 的最简单有效的方式是将探测器均匀地布置在场景中,这样场景内会出现数量很多的点(不用担心会用掉很多内存)。当然,一般情况下没必要耗费太多的点在一大片光影毫无变化的区域，比如大片的阴影内或者没有阴影的空地上。

　　一种优化的布置方法是在光影差异比较大的地方放置多一些探测器，比如阴影的边缘等光影比较凸显（比如阴影处，光亮处，反射处）的地方。而在光影差异比较小的地方放置少一些探测器。

　　放置的探测器会把场景空间划分为多个相邻的四面体子空间，为了能够合理划分出一些空间以便进行正确的插值，需要注意的是不要将所有探测器放置在同一个平面上。如果所有探测器在同一平面上，将导致无法划分空间，从而无法进行烘焙。因此，至少要有一到两个点是在这个平面上方的，尽可能地在动态游戏对象能到达的地方布置探测器，如图 9 - 27 所示。

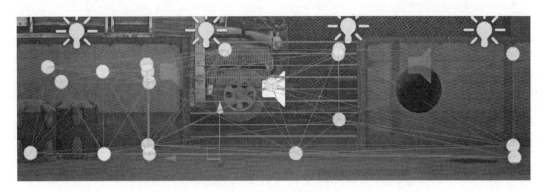

图 9 - 27　探 测 器 布 置

　　如果动态游戏对象只在场景中的地面上移动，可以适当将高处的探测器放低，为了得到期望的插值结果，也不要将高点放得过低，以至于所有的探测器几乎在同一个平面上。

　　另外，需要注意的是：根据游戏场景烘焙时所选用的 Bake Mode 的选项，Light Probes 探测器所收集的信息是有所区别的：

　　（1）在 Single Lightmaps 模式下，除了 RealtimeOnly 光源，其他光照信息都会被采样到探测器里。

　　（2）在 Dual Lightmaps 模式下，由于在近距离实时光照区域内，所有游戏对象会产生实时光影，所以探测器中收集的信息和 Near Lightmaps 中的信息是一样的，只需要补充一些实时光影中没有的光影，比如 BakedOnly 光源、反射光以及天空光等类型光源的信息。

# 第 10 章
# 导航网格寻路(适用专业：综合应用、程序开发)

## 10.1  概述

NavMesh(导航网格)是用于实现动态物体自动寻路的一种技术,它将游戏场景中复杂的结构关系简化为带有一定信息的网格,并在这些网格的基础上通过一系列相应的计算来实现自动寻路。在Unity 中,用户可以根据所编辑的场景内容,通过一定的设置来自动的生成用于导航的网格,然后给导航物体添加导航组件,导航物体便会自行根据目标点来寻找最直接的路线,并沿着该路线行进到目标点。

本章项目工程文件位于配套光盘中的\chapter10\Navmesh_sample. unitypackage 中。

## 10.2  导航网格寻路系统简单示例

在 Window 下拉列表中可以看到 Navigation 菜单项,如图 10 - 1 所示。

单击 Navigation 菜单以后,在 Inspector 面板的旁边会出现 Navigation 的面板,如图 10 - 2 所示。

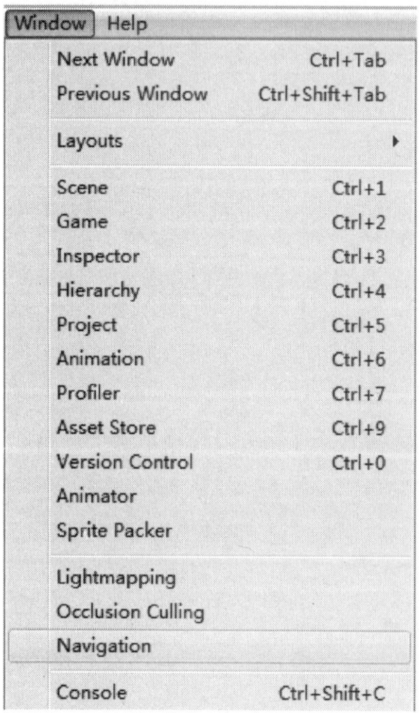

利用 Unity 提供的基本几何物体搭建场景(见图 10 - 3),其中胶囊体作为动态行进的对象,球体作为导航目标。

选中除了作为行进对象的胶囊体和导航目标的球体之外的其他物体,单击在 Inspector 视图右上角 Static 项右侧的倒三角按钮,在弹出的列表框中选择"Navigation Static"复选框,Unity 就会利用这些游戏对象来生成导航网格,如图 10 - 4 所示。

单击 Navigation 视图右下角的 Bake 按钮来生成导航网格(见图 10 - 5)。蓝色网格便是行进对象在自动寻路时可以行进的区域。

如果图 10 - 5 中生成的导航网格不是期望的结果,则可以通过调整 Navigation 视图中的 Bake 标签页中的参数,然后重新单击"Bake"按钮进行烘焙,如图 10 - 6 所示。

导航网格生成完毕,接下来为作为行进对象的胶囊体添加导航组件 Nav Mesh Agent,如图 10 - 7 所示。

为胶囊体添加导航组件后,胶囊体上会出现的包围圆柱框,如图 10 - 8 所示。在胶囊体的 Inspector 视窗中可以看到 Nav Mesh Agent 组件(见图 10 - 9),可通过调整该组件的 Radius 属性来调整圆柱框的半径。

图 10 - 1  Window 菜单

图 10-2　Navigation 窗口标签页

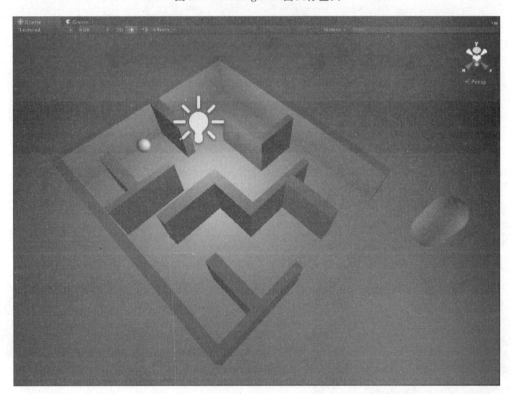

图 10-3　导 航 场 景

接下来为胶囊体添加新的脚本，目的是为了让其自动寻找目标点。代码如下：

```
using UnityEngine;
using System.Collections;

public class NavMeshScripts : MonoBehaviour
{
    public Transform target;
```

图 10-4　勾选 Navigation Static

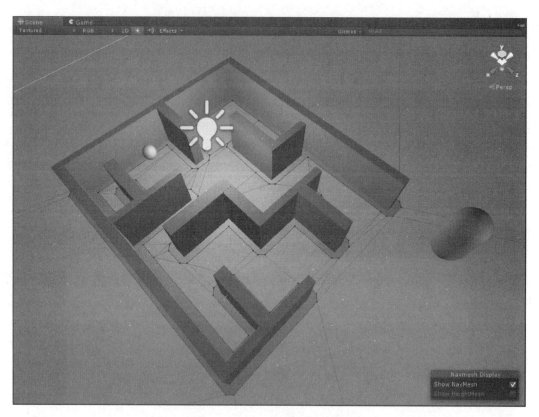

图 10-5　Bake(烘焙)后的场景

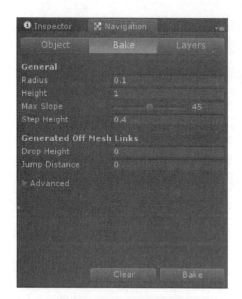

图 10-6　Bake(烘焙)参数

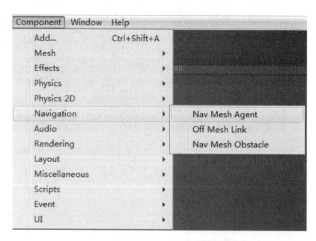

图 10-7　Nav Mesh Agent 组件

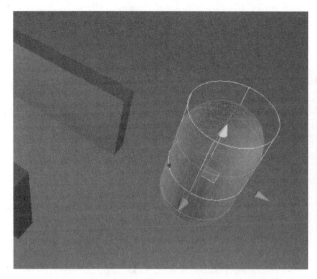

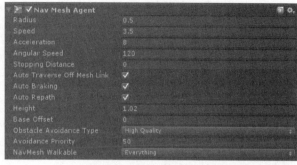

图 10-8　添加 Nav Mesh Agent 组件的物体　　　　图 10-9　Nav Mesh Agent 组件的参数

```
void Start ()
{
    if (target ! = null)
    {
this.gameObject.GetComponent<NavMeshAgent>().destination = target.position ;
    }
}
```

为胶囊体添加该脚本以后,将作为目标的球体拖到该脚本的 target 项上,如图 10-10 所示。

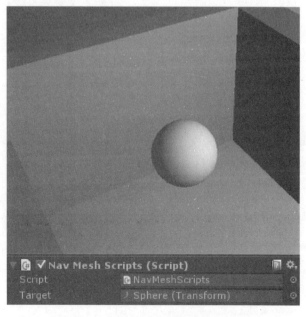

图 10-10　将目标点球体拖到 Target 框中

运行场景以后,胶囊体会根据计算的最短路径靠近目标球体。经过以上步骤的操作,初步实现了自动导航网格的功能。

## 10.3　导航网格寻路系统相关参数详解

### 1. Navigation 面板中的 Object 标签

Object 参数面板如图 10 - 11 所示。

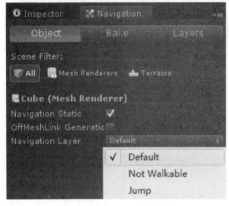

图 10 - 11　Object 标签

（1）Scene Filter：场景过滤。通过选择 All、Mesh Renderers、Terrains 可以过滤 Hierarchy 面板中的游戏物体。

（2）Navigation Static：选择该选框,则表示该游戏对象将参与导航网格的烘焙。

（3）OffMeshLink Generation：选择该选框,可以自动根据 Dropn Height(下落高度)和 Jump Distance(跳跃距离)参数用关系线来连接分离的网格(模型)。

（4）Navigation Layer：在默认形框下分为 Default(默认层)、Not Walkable(不可行走层)和 Jump(跳跃层)。可通过 Navigation 面板中的 Layers 标签页中添加自定义层。

### 2. Navigation 面板中的 Bake 标签

Bake 参数面板如图 10 - 12 所示。

（1）Radius：具有代表性的物体半径。物体半径越小,生成网格的面积越大,也越靠近静态物体的边缘。

（2）Height：具有代表性的物体的高度。

（3）Max Slope：最大可行进的斜坡斜度。

（4）Step Height：台阶高度。

（5）Drop Height：允许的最大下落距离。

（6）Jump Distance：允许的最大跳跃距离。

（7）Min Region Area：网格面积小于该值的地方,将不生成导航网格。

（8）Width Inaccuracy：允许的最大宽度误差。

（9）Height Inaccuracy：允许的最大高度误差。

（10）Height Mesh：选择该选项,将会保存高度信息,同时也会消耗一些性能和存储空间。

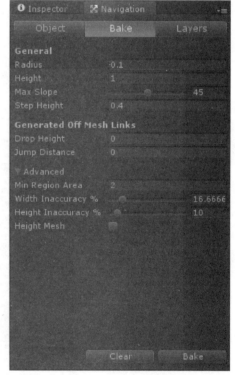

图 10 - 12　烘焙参数

### 3. Navigation 面板中的 Layers 标签

Layers 参数面板如图 10 - 13 所示。

对应 Object 标签下的 Navigation Layer 选项,其中 Default、Not Walkable、Jump 为默认提供的层,User Layer 为用户可以自定义的层。

### 4. Nav Mesh Agent

导航组件参数面板,如图 10 - 14 所示。

（1）Radius：物体的半径。

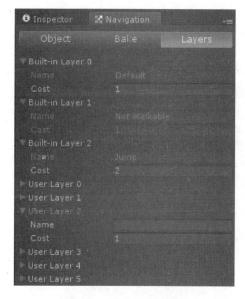

图 10 - 13　Layers 标签

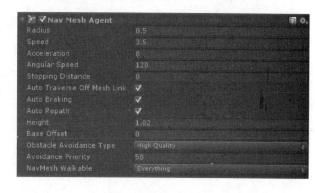

图 10 - 14　导航组件参数

（2）Speed：物体的行进最大速度。

（3）Acceleration：物体的行进加速度。

（4）Angular Speed：行进过程中转向时的角速度。

（5）Stopping Distance：距离目标点小于多远距离后便停止行进。

（6）Auto Traverse Off Mesh Link：是否采用默认方式度过连接路径。

（7）Auto Repath：在行进因某些原因中断的情况下，是否重新开始寻路。

（8）Height：物体的高度。

（9）Base Offset：碰撞模型和实体模型之间的垂直偏移量。

（10）Obstacle Avoidance Type：障碍躲避的表现等级。None 选项为不躲避障碍。另外，等级越高则躲避效果越好，但消耗的性能也越多。

（11）Avoidance Priority：躲避优先级。

（12）NavMesh Walkable：该物体可以行进的网格层掩码。

# 10.4　进阶使用

## 1. 使用 Off-Mesh-Link 组件

该组件用于手动指定通过行径路线来将分离网格进行连接，即用户通过 Off Mesh Link 组件来连接分离网格，如图 10 - 15 所示。

搭建一个简单的场景，其中胶囊体为动态行进的物体，烘焙以后如图 10 - 16 所示，场景中产生了两块相互分离的网格。

为场景添加两个立方体（见图 10 - 17），上方的命名为 start，下方的命名为 end，用于作为连接两块分离网格的起始点及结束点。

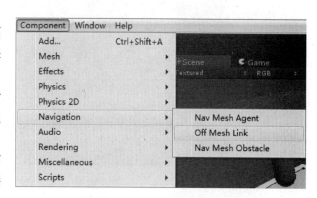

图 10 - 15　Off Mesh Link 组件

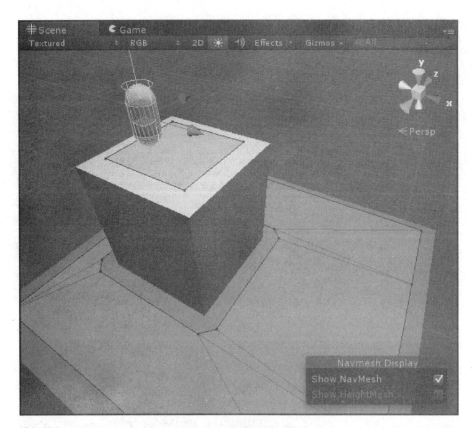

图 10‑16　两块分离的网格

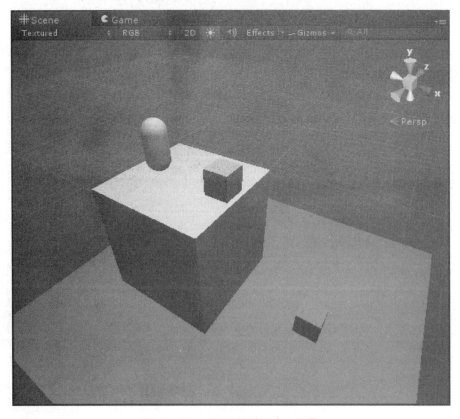

图 10‑17　用于连接的两个立方体

完成 10.2 所述步骤(即为胶囊体添加 Nav Mesh Agent 组件,添加自定义脚本,并将立方体 end 作为行进目标),然后为胶囊体添加 Off Mesh Link 组件,并将立方体 start 及立方体 end 分别赋值给 Off Mesh Link 组件的相应属性,如图 10 - 18 所示。

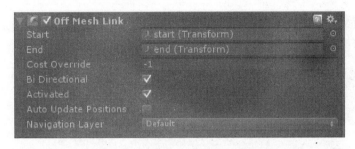

**图 10 - 18　Off Mesh Link 组件设置**

烘焙后即可看到连接关系路径,如图 10 - 19 所示。运行游戏后可看到胶囊体先靠近台子上的立方体,然后沿两个立方体之间的连线移动到下方的立方体处。

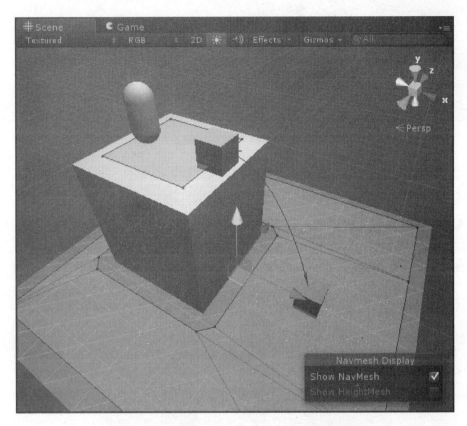

**图 10 - 19　烘焙以后的 Off Mesh Link 导航示意图**

示例为采用系统默认的方式进行的。如果希望在分离网格之间的过程丰富一些,比如播放一个飞行或者爬梯的动作,那么完全可以通过脚本来自行控制。

首先需要放弃选择行进物体 Nav Mesh Agent 组件下的 Auto Traverse Off Mesh Link 选项,然后编写相应脚本来实现移动过程。在脚本中通过访问 NavMeshAgent. isOnOffMeshLink 成员来判断是否到达起点或终点,如果到达则访问 NavMeshAgent. currentOffMeshLinkData 成员来取得起点和终点的信息,最后实现自己的移动过程。完成移动后需要调用 NavMeshAgent. CompleteOffMeshLink(　) 来结束手动过渡过程。

### 2. 为网格分层

搭建一个简单的场景,如图 10 - 20 所示。

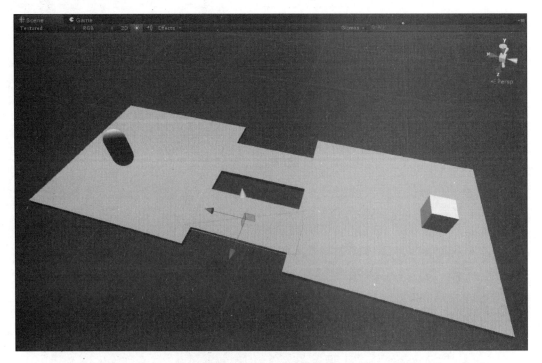

**图 10 - 20　两个桥的场景**

在 Navigation 面板的 Layers 标签页中添加两个自定义层,更改 User Layer 0 的 name 属性为 Bridge1,更改 User Layer 1 的 name 属性为 Bridge2,如图 10 - 21 所示。

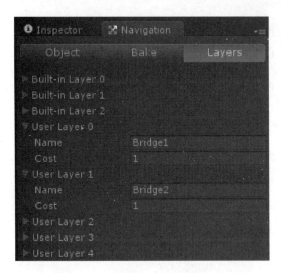

**图 10 - 21　自定义 Navigation Layers**

**图 10 - 22　修改 Navigation Layer**

分别选中两个桥,并在 Navigation 面板中的 Object 标签页下修改 Navigation Layer 属性分别为 Bridge1 和 Bridge2,如图 10 - 22 所示。

烘焙场景,Unity 会自动区分不同层的导航网格,如图 10 - 23 所示。

由图 10 - 23 可见,胶囊体为可行进物体,Cube 为目标物体。修改胶囊体的 Nav Mesh Agent 组件的 NavMesh Walkable 属性,并取消 Bridge2 项的勾选,如图 10 - 24 所示。

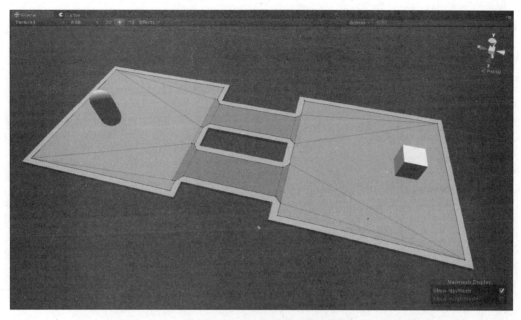

图 10 - 23　不同层的导航网格

图 10 - 24　设置 NavMesh Walkable 属性

运行场景,并观察结果。接下来选择"Bridge2"项,取消"Bridge1"项,再次运行场景。对比两次运行结果,可以发现胶囊体的行进路线是不一样的。

在具体的游戏场景中,可以通过分层来控制游戏物体的行进路线。

### 3. 动态更改可进行层

在大多数游戏情景中,可行进的区域往往不是完全不变的。比如利用机关控制的道路、桥等默认情况下不允许通过,当触发机关后才可通行。接下来的例子将介绍如何实现可改变通行状态的机关桥。

创建一个简单的场景,如图 10 - 25 所示。两块区域中间是一个指定 Navigation Layer 为 Bridge1 的桥(为导航网格分层请参考上一节的相关内容)。

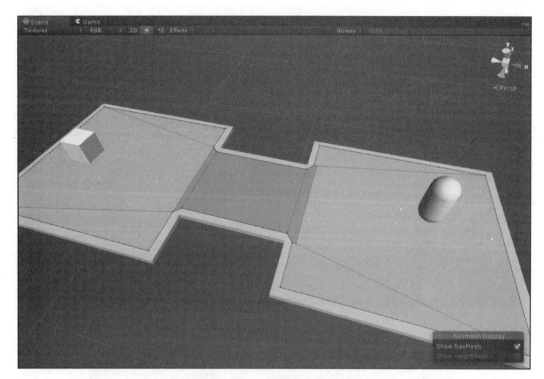

图 10-25  通过一座桥连接的两块区域

在 Navigation 面板中的 Layers 标签中,将 User Layer 0 层的 name 修改为 Bridge1。然后新建一个 C♯脚本,并添加如下代码。

```csharp
using UnityEngine;
using System.Collections;

public class BridgeControl : MonoBehaviour
{
    public Transform movable = null;
    float timer = 0f;

    void Start ()
    {
        if (movable ! = null)
        {
            movable.GetComponent<NavMeshAgent>().walkableMask & = ~0x8;
            renderer.enabled = false;
        }
    }

    void Update ()
    {
        if (renderer.enabled = = false)
        {
```

```
        timer + = Time.deltaTime;
        if (timer >3f)
        {

            movable.GetComponent<NavMeshAgent>().walkableMask | = 0x8;
            renderer.enabled = true;

        }

    }

}
```

其中 0x8 为 User Layer 0 的掩码值。代码中通过动态修改 NavMeshAgent 组件中的 walkableMask 属性来更改物体的可行进层，同时控制桥的消失和出现。

为桥添加该脚本组件，并将胶囊体拖至该脚本中的 movable 属性栏中。运行场景，可看到胶囊体待桥面出现后，才通过桥，最终到达目标点。

### 4. 使用 Navmesh Obstacle 组件

结合上一节的内容，考虑一下，如果一个游戏场景中有很多的桥，而每个桥都有自己的通行或禁止状态，那么就需要为这些桥设置层，在 Unity 中最多只能分 32 层。其次，在行进物体很多的时候频繁改动进行物体的可行进层也不是一件轻松的事情。

Unity 的 Navmesh Obstacle 组件带来一个很好的解决方案，用于处理类似动态路障的问题。将该组件添加到动态路障上，行进物体将会在寻路时躲避这些路障。

对比之前的示例，用户不需要手动改变行进物体的可行进层，只需要在桥体上添加 Navmesh Obstacle 组件，手动改变 Navmesh Obstacle 组件的 enable 的值即可。在桥对象可通行时，enable 为 false，桥面不可通行时 enable 为 true。

利用上节所搭建的场景，选中桥体，依次单击菜单栏中的"Component→Navigation→Nav mesh Obstacle"选项，为桥对象添加 Navmesh Obstacle 组件，此时桥体会出现一个绿色包围柱，如图 10-26 所示。

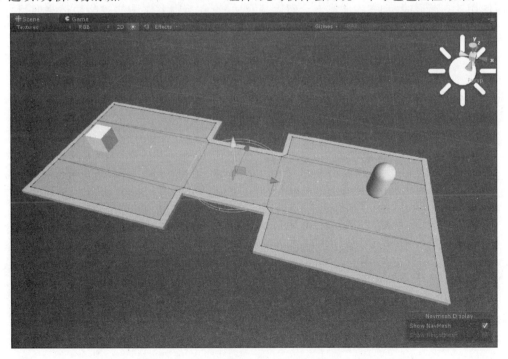

**图 10-26　为桥体添加 Nav Mesh Obstacle 组件**

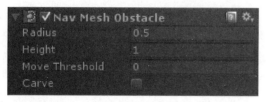

图 10-27　Nav Mesh Obstacle 组件的属性

在 Inspector 视图中,通过调整 Nav mesh Obstacle 组件下的 Radius 和 Height 参数来改变绿色包围柱的大小,如图 10-27 所示。

接下来为桥添加 ObstacleTest 脚本,脚本代码如下:

```
using UnityEngine;
using System.Collections;

public class ObstacleTest : MonoBehaviour
{
    void Start ()
    {
        StartCoroutine (Init ());
    }
    IEnumerator  Init()
    {
        renderer.enabled = false;
        yield return new WaitForSeconds (2f);
        this.GetComponent <NavMeshObstacle >().enabled = false ;
        renderer.enabled = true;
    }
}
```

运行场景,可以看到与修改可行进层方式类似的结果。然而两种方式不同之处是:使用可行进层时,动态物体会在中断处暂停行从而等待新的路径出现后再继续行进,在暂停的时候,动态物体的加速度为 0;而使用动态障碍时,动态物体将不会暂停,而是一直在运动并试图绕过障碍体来向目标点接近,这就意味着动态物体会始终保持着一个加速度。

# 第 11 章
# 遮挡剔除技术

## 11.1 概述

Occlusion Culling，即遮挡剔除。当一个物体被其他物体遮挡住而不在摄像机的可视范围内时不对其进行渲染。遮挡剔除在 3D 图形计算中并不是自动进行的，因为在绝大多数情况下离 camera 最远的物体首先被渲染，靠近摄像机的物体后被渲染并覆盖先前渲染的物体（这被称为重复渲染 "overdraw"）。

遮挡剔除不同于视锥体剔除，视锥体剔除只是不渲染摄像机视角范围外的物体，而对于被其他物体遮挡但依然在视角范围内的物体，则不会被剔除。当使用遮挡剔除时，会在渲染对象被送进渲染流水线之前，将因为被遮挡而不会被看到的隐藏对象或隐藏面进行剔除，从而减少每帧的渲染数据量，提高了渲染性能。在遮挡密集的场景中，性能提升会更加明显。

Unity 整合了相关功能及用户界面，同时还提供了三种不同的剔除技术来供用户选择。

本章节案例位于配套光盘中的\chapter11\occlusion_culling. unitypackage 资源包中。

## 11.2 使用遮挡剔除

打开资源中的场景，如图 11 - 1 所示。

图 11 - 1 资源包中的场景

依次选择菜单栏中的"Window→Occlusion Culling"项,打开"Occlusion Culling"视窗。此时"Scene"视窗中右下角的"Occlusion Culling"中的选项为 Edit,并且"View Volumes"选项为选中状态,此时"Scene"视窗中会出现密集的空间划分网格,如图 11-2 所示。调整空间网格的尺寸请参考 11.3章节。

图 11-2　密集的空间划分网格

在右侧的 Occlusion 面板中的 Object 标签页中,有如图 11-3 所示选项。通过选择"Occluder Static"或"Occludee Static"选项来将对象参与到遮挡剔除烘焙。

另外也可以在对象的 Inspector 视图右上角的"static"中选择,如图 11-4 所示。

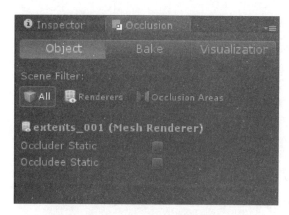

图 11-3　Object 标签页

图 11-4　Static 设置

当所有参与遮挡剔除的物体都设置好静态以后,单击"Occlusion"视窗右下方的"Bake"按钮,即可进行烘焙。

烘焙结束以后,单击"Occlusion"视窗中的"Visualization"标签页(见图 11-5),此时便可以在场景视窗中观察到剔除效果,如图 11-6(剔除前)及图 11-7(剔除后)所示。

在图 11-7 中,可以看到摄像机的视锥内的很多游戏物体都被剔除了,只留下光照贴图的阴影。

图 11‑5　Occlusion 视窗中的 Visualization 标签

图 11‑6　遮挡剔除前的场景视图

图 11‑7　遮挡剔除后的场景视图

使用 Occlusion Culling 需要预先烘焙好运行时所需的场景。由于 Occlusion Culling 相关数据无法动态实时生成,因此,如果在运行时场景中有变动,需要在烘焙时为会变动的游戏对象选择"Occludee Static(被遮挡体)"项。

对于较大的对象,可以将其分割成较小的对象,使每个小对象包含在不同的空间网格内会更有利于剔除。

## 11.3　设置烘焙参数

在"Occlusion Culling"面板中的"Bake"标签中,参数如图 11-8 所示。

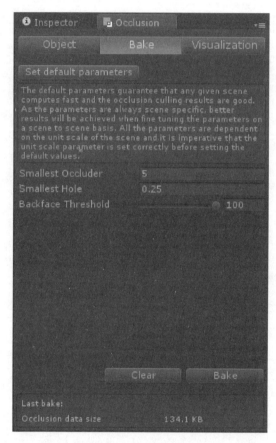

**图 11-8　烘焙参数设置**

### 1. Smallest Occluder

设置遮挡剔除的最小单元网格尺寸。需要在物体的大小和单元格的大小间取得一个好的平衡,理想情况下,不应该有相对于物体太小的单元格,同样,物体不应该覆盖太多单元格。调整该参数,然后烘焙,烘焙完成以后,在"Scene"视图右下角"Occlusion Culling"菜单中选择"Edit"并选中"View Volumes"选项(见图 11-9),此时在视图窗口中可见图 11-2,根据设置的最小单元网格尺寸产生密集的空间划分网格。

### 2. Small Hole：最小孔

使用最小孔参数来控制输入。如果几何结构包含希望看穿的孔、缺口或裂缝,则使用比这些缝隙更小的最小孔是个较好的办法。另一方面,很多时候几何结构包含许多不希望看穿的裂缝,合理的体素分

图 11 - 9   视图中 Occlusion Culling 选项

辨率能填补这些缝隙。也许将最小孔看做烘焙的"输入分辨率"会有所帮助。

请注意：将最小孔设置成很小的值意味着烘焙过程将慢得难以忍受，或者在编辑器中占用大量的内存。在少数情况下，它甚至可能由于内存不足导致烘焙失败。另一方面，若使用较大的值烘焙过程将更快，内存更充足，但可能导致不能看穿格栅或栅栏等物体。所以较大的值并不总是最好。总之，尽可能大且无明显错误的最小孔最为理想。在实践中，我们发现 5～50 厘米之间的值对大多数"类似人类"规模的游戏来说非常适用。Unity 中的默认值为 25 厘米，这是一个很好的起点。

### 3. Backface Threshold

隐性阈值。初值值设定为 100，是一个百分比的值，即 100%。该参数是用来优化遮挡剔除数据的，如果遮挡剔除数据的大小合适，那么可以完全无视隐性阈值。该参数默认为 100，即该功能默认是禁用的。

如果遮挡数据太大时，或者在相机位置过近，甚至与遮挡物相交时，会得到错误的结果，这时可以尝试将其设定成 90 或者是更小的值。

在"Occlusion Culling"面板中的"Object"标签中，参数如图 11 - 10 所示。

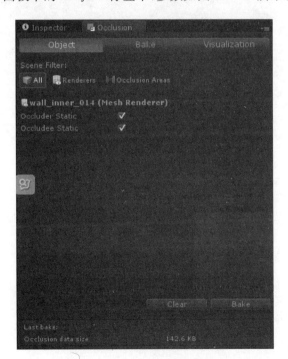

图 11 - 10   Object 参数设置

### 4. Occluder

即遮挡体。

### 5. Occludee

即被遮挡体。透明的、特别小的物体以及可移动的游戏对象通常不会遮挡其他对象,因此只需要选择"Occludee Static"选项即可。

## 11.4　使用 Occlusion Area 组件

Occlusion Area,遮挡区域。该组件的作用有两个:一是在某些较大的游戏场景中,部分区域是摄像机对象无法到达的,那么可以采用 Occlusion Area 组件来布置一块摄像机可以到达的区域,从而减少烘焙出来的数据。二是对移动的物体应用遮挡剔除,可以布置一块移动物体活动范围的区域。可以创建一个空物体,然后添加 Occlusion Area 组件来创建遮挡区域。如图 11 - 11 所示,绿色的包围框便是 Occlusion Area。可以通过框体上的绿色圆钮来调整框体的大小。

图 11 - 11　Occlusion Area

Occlusion Area 组件参数,如图 11 - 12 所示。

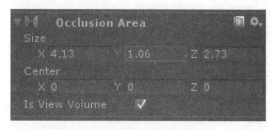

图 11 - 12　Occlusion Area 组件

(1) Size:定义了该框体在 X 轴向上的宽度,在 Y 轴向上的高度,在 Z 轴向上的长度,即定义了该绿色框体的长宽高尺寸。

(2) Center:设定遮挡区域的中心。默认:0,0,0,并位于盒子的中心。

(3) Is View Volume,启用该选项后,当摄像机对象进入 Occlusion Area 内时才会剔除被遮挡的静态对象。

## 11.5　使用 Occlusion Portal 组件

　　Occlusion Portal，遮挡门户。为了能很好地对动态对象做一个剔除精度的补充，可以为动态对象添加 Occlusion Portal 组件，并且可以通过脚本来控制该组件的开启和关闭如图 11-13 所示。

图 11-13　为动态物体添加 Occlusion Portal 组件

该组件参数如图 11-14 所示。

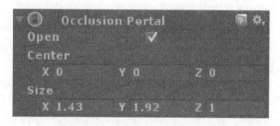

图 11-14　Occlusion Portal 组件

　　(1) Open：门户是否开启，可通过脚本控制该参数。
　　(2) Center：设置遮挡区域的中心。默认情况下，中心坐标为(0,0,0)，且位于盒子中心。
　　(3) Size：定义遮挡区域的大小。

# 第 12 章
# 图像特效(适用专业：视觉艺术、综合应用)

## 12.1 图像特效的作用

Image Effects(图像特效)主要应用在 Camera(摄像机)对象上，可以为游戏画面带来丰富的视觉效果，使游戏画面更具艺术感、个性。

在 Unity 中，大部分的特效支持混合使用，通过搭配不同的特效能够方便地创造出更丰富、更完美的游戏画面效果，如图 12-1 所示。

**图 12-1 图像特效效果**

Unity 中所有的图像特效都编写在 OnRenderImage()函数中，任何附加在摄像机对象上的 Image Effects 脚本都可以通过编辑其代码来修改特效的效果(需要注意的是：所有的图像特效只有 Pro 版才支持)。

## 12.2 图像特效资源包概述

在 Unity 的标准资源库中，有一个 Image Effects 的图像资源包(如果是 Pro 版用户可以使用该资源包)，这个资源包中包含了将近 30 多种图像特效。

启动 Unity，依次选择菜单栏中的"Assets→Import Package→Image Effects(Pro Only)"选项，为项目工程导入图像特效资源包，如图 12-2 所示。

导入资源包后,选中摄像机对象,依次选择菜单栏中的"Component→Image Effects"项(见图12-3),可以看到图像特效被分成了 Rendering、Other、Bloom and Glow、Blur、Camera、Color Ajustment、Edge Detection、Displacement、Noise,用户可以按照自己的需要选择要添加的图像特效。

图 12-2　导入图像特效资源包

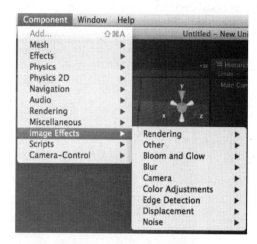

图 12-3　图像特效组件

还可以通过另一种方法来添加图像特效,在 Project 视图中找到 Assets\Standard Assets\Image Effects(Pro Only)路径中的图像特效脚本文件,选择脚本文件直接拖曳到 Hierarchy 视图中的摄像机对象上,如图 12-4 所示。

图 12-4　另一种添加图像特效组件的方法

在多数情况下,在 Game 视图中可以更方便地观察图像特效的效果。

## 12.3　图像特效参数详解及效果演示

本节将介绍鱼眼镜头、边缘检测、太阳光线、模糊、颜色修正、景深以及 HDR 泛光等几种常用的图像特效。

### 1. 鱼眼镜头

鱼眼图像特效可以制造图像扭曲的效果,看上去就像通过鱼眼透镜显示一般,如图 12-5 所示。该效果需要硬件的支持,主要是带像素着色器(2.0)或 OpenGL ES 2.0 的显卡。

图 12-5 鱼眼镜头特效

鱼眼镜头参数如下:
(1) StrengthX:拉伸 X 轴。
(2) StrengthY:拉伸 Y 轴。

### 2. 边缘检测

边缘检测图像特效是通过场景中物体的几何信息来将其轮廓线抽取出来,边缘不仅由颜色的差异来决定,同时也由相邻像素所对应的法线朝向和离相机的距离来决定。一般来说,当两个相邻像素拥有明显不同的法线朝向或距相机距离时,这就是场景中的一个边缘,如图 12-6 所示。

图 12-6 边缘检测功能

边缘检测功能参数如下：

(1) 模式(Mode)。可以在在边缘的粗细之间进行选择。粗表示使用更多的采样点来生成轮廓线。

(2) 边缘敏感度(Edge Sensitivity)。

(3) 深度(Depth)。为相邻像素的深度最小差异。

(4) 法线(Normals)。相邻像素的最小法线朝向差异。

(5) 背景选项(Background options)。可通过下面的"仅边缘(Edges only)"和"颜色(Color)"这两个参数来调节背景勾边后的颜色效果。

### 3. 太阳光线特效

太阳光线特效(Sun Shaft)又称太阳射线图像特效，通常模拟当很亮的光源中一部分被遮挡时所产生的径向光散射效果(也称为"God Ray"效果)。这种效果的动态性非常强，当光线透过物体投射到摄像机上之后，会带来非常强烈的真实感，例如，通过第一人称视角，使光线从树叶中穿过照射到摄像机，又或是风车在转动时光线从叶片中照射出来的效果，如图 12-7 所示。

图 12-7　太阳光线特效

太阳光线特效参数如下：

(1) 分辨率(Resolution)。用来调节产生射线图像的分辨率。较低的分辨率可以带来更快的计算与更柔和的效果。

(2) 混合模式(Blend Mode)。可在柔和的屏幕模式与简单的添加模式之间进行选取。

(3) 光线投射器(Shaft Caster)。将自定义的 transform 位置指定给该参数就能够完成。若需要自定义太阳光光源的位置可以使用。

(4) 使用 alpha 遮蔽(Use alpha mask)。该参数是一项十分有用的功能，它能够定义生成阳光射线时应使用的颜色缓冲 alpha 通道的量。当天空盒具有定义遮蔽(例如：用于阻挡太阳照射的云)的合适 alpha 通道时，可以调节此参数。

(5) 对于光线的效果可以通过射线颜色(Shafts color)、距离衰减(Distance falloff)、模糊大小(Blur size)、模糊迭代(Blur iterations)和强度(Intensity)等参数来调节。

### 4. 模糊特效

在 Unity 的图像特效中有模糊(Blur)和运动模糊(Motion Blur)，如图 12-8 所示。

图 12-8 模 糊 特 效

普通的模糊功能是指图像效果实时对渲染的图像进行模糊处理,通过选择菜单"Component→Image Effects→Blur→Blur"选项来添加。该功能的使用和参数设置都较为简单,这里就不作详细介绍。

运动模糊是一种常见的后期处理效果,它是指相机的运动或对象运动生成模糊图像,模拟出相机系统的"光"随时间累积的效果,可以运用此特效制造出在赛车游戏的加速或是在战争游戏中被击中之后的眩晕效果,如图 12-9 所示。

图 12-9 运动模糊特效

运动模糊特效可以通过选中"主摄像机(MainCamera)",选择菜单"Component→Image Effects→Blur→Motion Blur"选项来添加。

运动模糊特效参数如下:

(1) 模糊值(Blur Amount)。可以通过调节该参数来调节运动模糊的强度。

(2) 附加模糊(Extra Blur)。此参数若打开,则会在运动模糊特效之上再附加一层模糊效果,此时摄像机在静止状态下依然能够看到模糊的效果。

### 5. 颜色修正功能

使用颜色修正功能可以调节或加深游戏场景所需要表现的氛围。该功能在 Unity 中分为颜色修正渐变图(Color Correction Ramp)、颜色修正查找纹理(Color Correction Lookup Texture)和颜色修正曲线(Color Correction Curve)三种。

颜色修正渐变图功能是采用外部导入的渐变图来制作颜色修正效果的，可以通过选中主摄像机(MainCamera)，选择菜单"Component→Image Effects→Color Adjustments→Color Correction Ramp"选项来添加该效果。也可以通过 Photoshop 等制图软件制作自己需要的渐变颜色图，保存为 PNG 格式导入 Unity 中，并指定给"Color Correction Ramp"组件中的"渐变贴图(Texture Ramp)"参数来达到效果，图 12-10 效果中所使用的渐变图为  。

图 12-10　颜色修正渐变图效果

颜色修正曲线功能，可以通过选中"主摄像机(MainCamera)"，选择菜单"Component → Image Effects → Color Adjustments → Color Correction Curve"选项来添加该效果。通过对每个颜色通道使用曲线来进行颜色调整，如图 12-11 所示。基于深度的调整可以根据与相机的像素距离改变颜色调整。例如，因为存在大气散射中的粒子效应，所以风景中的对象通常会随着距离增大而更大程度地减饱和。还可以应用选择性的调整，进而可以对自己选择的另一种颜色交换场景中的目标颜色。可调节参数除了基本的红绿蓝三色外，还可以通过选择"模式(Mode)"获取更多可使用的颜色参数。最后，通过"饱和度"(Saturation) 可以方便地调整所有颜色饱和或减饱和(直至图像变为黑白)。

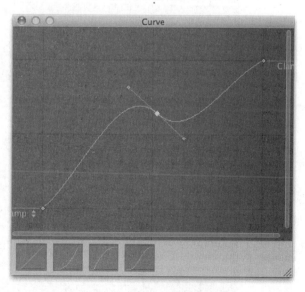

图 12-11　通过曲线调节颜色

颜色修正查找纹理功能是在后期效果中执行颜色分级的优化方式。这种方式仅将单个纹理用于生成修正的图像，而不是如"颜色修正曲线(Color Correction Curve)"功能一样通过曲线调整各个颜色通道。

查找的执行方法是将原始图像颜色用作用于应对查找纹理的向量。它的优势包括具有更好的性能和更专业的工作流程时机,其中所有颜色变换都可以在专业图像处理软件(如 Photoshop 或 Gimp)中定义,因而可以获得更精确的结果,例如使用处理后的纹理素材 ▬▬▬▬▬▬▬▬▬▬▬▬▬▬ 对场景进行颜色修正,修正后的场景如图 12-12 所示。

图 12-12　颜色修正查找纹理功能修正的场景

### 6. 景深特效

景深特效(Depth of Field)又称视野深度特效,是一种常见后期处理效果,可模拟相机镜头的属性,如图 12-13 所示。此特效尤其适用于 HDR 渲染和兼容 DirectX 11 以上的图形设备。在真实世界中,相机只能对特定距离的对象清晰对焦,距离相机较近或较远的对象会有一点失焦。模糊不仅提供有关

图 12-13　景　深　特　效

对象距离的视觉提示,而且引入了散景,因为图像明亮区域失焦而在这些区域周围出现的令人愉悦的视觉假象。常见散景形状有碟形、六边形和较高级别二面体群等形状。

可以通过选中"主摄像机(MainCamera)",选择菜单"Component→Image Effects→Camera→Depth of Field"选项来添加该效果。效果添加完成之后可调节的参数也较多:

(1) 显示(Visualize):开启后可叠加颜色,用于表示相机对焦。

(2) 对焦距离(Focal distance):表示世界坐标空间中从相机位置到对焦平面的距离。

(3) 对焦大小(Focal Size):可增大总对焦区域。

(4) 变换时对焦(Focus on Transform):指使用场景中的目标对象确定对焦距离,可指定一个Transform作为对象。

(5) 光圈(Aperture):代表了相机镜头的光圈,定义对焦与散焦区域之间的转换。可将此值调高。较大"光圈"值可自动对图像缩小采样以生成更佳散焦。

(6) 散焦类型(Defocus Type):可通过调整参数调整生成散焦区域的算法。

(7) 通过"采样计数(Sample Count)"、"最大模糊距离(Max Blur Distance)"和高分辨率(High Resolution)"参数来调节整个景深效果的品质和精度。

### 7. 高光溢出效果

高光溢出效果(Bloom)是指光从一个明亮的光源(如相机的闪光)慢慢漫反射到周围的一种光学效应。它是一种光学效果,其中来自明亮来源(如闪光)的光表现为泄露到周围对象中。高光溢出图像效果还以非常高效的方式自动生成镜头光晕,是非常独特的效果。在使用后,可以使场景截然不同,尤其是在高动态渲染(HDR)功能打开之后,可以让人想起魔法或梦幻般的环境,如图12-14所示。另一方面,在设置正确后,还可以使用此效果增强照片写实性。非常明亮的对象周围的发光是可在电影和摄影中观察到的常见现象(其中亮度值差别极大)。

图12-14　高光溢出效果

在"主摄像机(MainCamera)"中,确认高动态渲染(HDR)功能已经打开,通过依次选择"Component→Image Effects→Bloom And Glow→Bloom"选项来添加高光溢出效果。添加完成后可以从Camera视图中明显地看到画面带高光的部分能够显示出绚丽的效果。

高光溢出效果有两种图像模式,分别是添加模式(Add Mode)和屏幕模式(Screen Mode)。

添加模式将颜色(红、绿、蓝)通道的各颜色值累加,最大值为1。整体效果是可以使区域内的每个不是很亮的像素很容易地达到最亮效果。最终的图像效果是颜色和细节被白色和亮光取代,当需要耀眼的"白色"光晕时这个效果是很好的。

屏幕模式,如其名,模拟了两个像素源同时投射到屏幕上。每个颜色通道被分开处理和渲染。首先,一个像素源的颜色值取反(即1减去现有值),然后两个取反后的值相乘,最后结果再取反(1减去相乘后的值)。处理后的值比之前两个都要亮,但是还在最大亮度范围内。整体效果是,更好地保存了颜色变化和细节处理,比增强模式拥有更良好的效果。

按照效果可选中自己需要的模式,通过质量(Quality)参数调节高频率并减少锯齿,若对效果仍不满意,可通过其他参数进行调整。

通过强度值(intensity)可提高 Bloom 的整体亮度,若调节"阈值(Threshhold)",则比此阈值更亮的图像区域会接收高光溢出。

模糊迭代(Blur iterations)参数应用于失真镜头光晕(Anamorphic Lens Flare)的模糊的倍数。更多迭代可提高平滑度,但是需要更多处理时间。

采样距离(Sample distance)参数则是最大的模糊半径。

### 8. 色调映射效果

色调映射效果(Tonemapping)通常被理解为将颜色值从高动态范围(HDR)映射到低动态范围(LDR)的过程。在 Unity 中,这意味着对于大多数平台上任意16位颜色值将被映射为[0,1]范围内的传统8位颜色值。

色调映射效果同样需要摄像机开启 HDR 功能,建议在使用时提供高于普通强度值的光源以使用更大范围,也就是将画面调到更亮。这样,画面中会存在着更加巨大的亮度差异,人的眼睛就能对特定范围的亮度进行采样。

色调映射适合与高光溢出效果配合使用。确保在色调映射之前已经使用了高光溢出效果,否则会丢失所有高范围的亮度,图12-15所展示的就是通过色调映射效果将图12-14的高光溢出效果降低到可识别的画面状态。一般而言,可以从较高亮度获益的任何效果都应安排在色调映射效果之前。

**图 12-15　色调映射效果**

选中主摄像机(MainCamera),确认 HDR 功能已经打开,通过选择菜单"Component→Image Effects→Color Adjustments→Tonemapping"选项来添加。添加完成之后可以从 Camera 视图中看到画面已经明显变暗,但是若在之前已经添加了高光溢出,则高亮的部分会作一定保留。

通过模式(Mode)进行选择,将强度映射到 LDR。色调映射在参数中提供了几种技术,其中 AdaptiveReinhard 和 AdaptiveReinhardAutoWhite 参数是自适应的,这表示会在强度变化完全实现时延迟执行颜色变化。相机和人眼都具有此效果。这样可实现有趣的动态效果,如对进入黑暗隧道或从中离开而进入明亮阳光中时发生的自然适应的模拟。

通过调节"曝光(Exposure)"参数可以模拟曝光,用于定义实际亮度范围。

通过调整"平均灰度(Average grey)"和"白色(White)"来调整场景的灰度和映射白色的最小值。

通过"适应速度(Adaption speed)"所有自适应色调映射的动态调整速度。

## 12.4　图像特效应用

本小节将对图像特效进行简单应用说明,启动 Unity 应用程序,打开配套光盘中的\chapter12\Bootcamp_ImageEffect 项目工程,打开 Bootcamp_Image Effects 场景。依次单击菜单栏中的"Assets→Import Package→Image Effects(Pro Only)"选项,为项目工程导入图像特效资源包。

在 Bootcamp 场景中要营造一个光线充足的环境氛围,可以使用高光溢出效果。选择场景中的主摄像机(MainCamera),将 Camera 组件中的 HDR 功能打开,然后依次选择菜单栏中"Component→Image Effects→Bloom and Glow→Bloom"选项,为摄像机对象添加 Bloom(泛光)特效,对添加的 Bloom 特效的参数进行调节,场景即可呈现出一种光线照射感很强的效果,如图 12-16 所示。

**图 12-16　添加高光溢出效果**

对比一下在添加 Bloom 特效前后的效果,可以发现添加 Bloom 特效后,场景的光感有了很大幅度的提升,如图 12-17 所示。

接下来,为了模拟人眼适应环境明暗交替效果,需要为摄像机对象添加 Tonemapping(色调映射)特效,该特效与 Bloom(泛光)特效配合使用效果会更好。依次选择菜单栏中的"Component→Image Effects→Color Adjustments→Tonemapping"选项,为摄像机对象添加 Tonemapping(色调映射)特效,并调节其参数使画面达到一个比较合适的效果,如图 12-18 所示。

预览游戏,通过移动摄像机可以发现,同样位置路面的亮度会依据摄像机视野的变化而相应地变化,这说明了 Tonemapping(色调映射)特效可以很好地模拟人眼适应环境明暗变化的效果。

经过以上步骤的操作,场景的光感已经初步体现出来,为了进一步增强场景的氛围,接下来为该场景添加阳光射线效果。依次选择菜单栏中的"Component→Image Effects→Rendering→Sun Shafts"选

图 12 - 17  添加 Bloom 前后效果对比

图 12 - 18  添加色调映射效果

项,为摄像机对象添加 Sun Shafts(太阳光射线)特效。

为了符合逻辑,将 Shafts caster(射线投射)源指定为场景中由于模拟日光照明的 Directional light 对象,单击 Shafts caster 项右侧的"圆圈"按钮,在弹出的"Select Transform"对话框中选择"Directional light"对象,指定成功后,对 Sun Shafts 特效组件的参数进行调节,如图 12 - 19 所示。

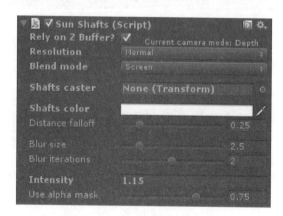

图 12 - 19  太阳光线特效参数调节

此时可以看到画面中呈现出阳光透过密林中树木的枝叶所产生一束束射线的效果,如图 12 - 20 所示。

图 12 - 20　太阳光线效果

# 第 13 章
# 增强现实技术应用

## 13.1 增强现实技术概述

增强现实（Augmented Reality，简称 AR），也被称为混合现实。它通过电脑技术，将虚拟的信息应用到真实世界，虚拟的物体和真实的环境实时地叠加到同一个画面或空间同时存在。

### 1. 什么是增强现实

增强现实技术，是在虚拟现实基础上发展起来的新技术，是通过计算机系统提供的信息增加用户对现实世界感知的技术，并将计算机生成的虚拟物体、场景或系统提示信息叠加到真实场景中，从而实现对现实的"增强"。它将计算机生成的虚拟物体或关于真实物体的非几何信息叠加到真实世界的场景上，实现了对真实世界的增强。同时，由于与真实世界的联系并未被切断，交互方式也就显得更加自然。

### 2. 增强现实技术原理

所谓增强现实，是利用计算机生成一种逼真的视、听、力、触和动等感觉的虚拟环境，通过各种传感设备使用户"沉浸"到该环境中，实现用户与环境直接进行自然交互。它是一种全新的人机交互技术，利用这样一种技术，可以模拟真实的现场景观；它是以交互性和构想为基本特征的计算机高级人机界面。使用者不仅能够通过虚拟现实系统感受到在客观物理世界中所经历的"身临其境"的逼真性，而且能够突破空间、时间以及其他客观限制，感受到在真实世界中无法亲身经历的体验。

增强现实或扩增实景（Augmented Reality），是一种综合了图像识别、动作捕捉、虚拟现实等学科，将数字信息、三维虚拟模型精确地叠加显示到真实场景的创新人机交互技术。曾经局限于实验室的增强现实技术，随着计算机软、硬件能力的提高，已经开始快速地进入大众视野，并在会展、营销、科教、设计、出版、娱乐等领域发挥越来越重要的作用。

### 3. 增强现实实际应用介绍

增强现实借助计算机图形技术和可视化技术产生现实环境中不存在的虚拟对象，并通过传感技术将虚拟对象准确"放置"在真实环境中，借助显示设备将虚拟对象与真实环境融为一体，并呈现给使用者一个感官效果真实的新环境。因此增强现实系统具有虚实结合、实时交互、三维注册的新特点。一个AR 系统要解决许多关键技术，包括显示技术、跟踪和定位技术、界面技术以及标定技术。另外，AR 系统还要充分考虑人的因素。AR 技术在许多方面都有着潜在应用价值。

（1）应用于智能手机。现实中，增强现实技术已经大量应用在智能手机上。目前智能手机上的GPS、摄像头和指南针的搭配已经可以初步实现现实增强，比如通过软件发现附近的餐馆、地铁入口或者其他地方；也可以将镜头对准某个著名建筑物，直接搜索它的信息；或将镜头对准餐馆，关于这个餐馆的评价会浮现在画面之上。

（2）互动演示。与增强现实进行交互的技术已经出现，就像第六感技术的视频，通过在身上配置一些电子感应物件，可以完成许多不可思议的事情，比如用双手来拍摄图片，直接在手上拨打电话，拿出纸片玩极品飞车等。当然，其中的技术是将信息投射到某个平面上，而在不久的未来，通过距离感知设备，我们也许可以伸手点触眼前浮现的信息，处理图片。

（3）发展传统媒体。很多人认为增强现实技术的出现会对传统媒体尤其是纸质媒体造成巨大的冲击，甚至成为其终极。其实不然，增强现实在客观上是有利于纸质媒体的：它不仅能增加纸媒出版物的娱乐性和互动性，还能极大地提高记者以更有说服力的方式讲述故事的能力。解决这个问题的关键在于纸质媒体不能墨守成规，需要用增强现实来武装自己。

（4）医疗领域。医生可以利用增强现实技术，轻松地进行手术部位的精确定位。由于成像技术在医疗方面的普遍应用，增强现实技术也发展成为辅助医疗的一种重要手段，在医学领域得到广泛应用，它可作为一种可视化的手术辅助工具，用图像来指导外科手术的完成。使用表面感应器，像 MRI，CT，实时地搜集病人的三维数据信息，实时地绘制成相应的图像，融合到对病人的观察中。协助医生在可视化环境下精确完成手术，赋予医生"透视功能"，使医生更加具体地了解病人体内的情况从而确定手术的精确位置。增强现实技术将人体结构解剖研究的数据可视化，并准确地显示在患者的相应部位，使医生可以清晰地看到患者病灶位置的全景情况。这样不仅可以帮助实习医生详细了解患者的解剖结构，而且可以在技术条件理想的情况下帮助手术医生准确定位手术部位。增强现实技术可以使医生手术只需要很小，甚至不需要任何手术切口。可见增强现实技术在医学领域的应用对提高医学水平和临床技能有着重要作用。

（5）工业维修领域。大型复杂机械的组装、维护和检修是 AR 技术另一个具有广阔应用前景的领域。在大型机械装配过程中，经常性地查看大量的技术手册和说明，影响装配的效率。利用 AR 技术可以将大量的注释注解绘制成 3D 图形重叠在机械上，这些由计算机生成的图像和附加的文字比安装手册更加生动，对技术人员的指导更加清楚直观，利于简化技术人员的工程难度，提高技术人员的工作效率及完成质量。

（6）增强现实在机器人和遥控技术领域。机器人遥控一直是个难题，尤其是当机器人的活动线路较长，距离较远时，通讯连接存在较大延迟。在这种情况下，选择对机器人直接进行控制，不如选择对机器人的虚拟模型进行控制。而运用 AR 技术，用户不用直接控制机器人，而是控制虚拟版本机器人的行为，产生的效果可以直接融入真实世界中，一旦确定，用户再通知真正的机器人执行该运动。这样可以避免由于发布指令而产生较长延迟所来的振荡，且在虚拟条件下，用户就可以指示真正的机器人去执行指定的任务。

结论：

增强现实技术会给我们的生活带来巨大的方便，也会给我们的世界造成巨大的影响，可以说是好处多多。但目前国内致力于增强现实技术的公司屈指可数，除了个别大型互联网公司在现有业务外对其进行试水之外，真正拥有移动增强现实技术并能进行开发的公司几乎是凤毛麟角。下一阶段我国将着重致力于增强现实技术的开发。在今后的 10 年里，谁能抓住这一技术的前沿，谁就能成为 IT 新行业的领航者，它也会让我们的未来变得更加方便，更有乐趣。

## 13.2　基于 Vuforia 的 Android 增强现实应用制作

Vuforia 是基于 AR 的一个应用程序，通过使用移动设备的摄像头捕捉影像，与虚拟 3D 对象叠加在相机预览的现实世界中。

Vuforia 提供了几种开发选项，您可以使用它们来构建移动视觉应用。

（1）Java（Android）。

（2）C++（Android/iOS）。

（3）Unity（Android/iOS）。

## 1. Vuforia 增强现实开发流程介绍

（1）首先需要安装 Unity。

（2）账号申请及图像资源上传。

（3）配置 Android 开发环境。

（4）移动端发布及调试。

## 2. 账号申请及图像资源上传

首先到 https：//developer.vuforia.com/注册账号。

单击网页顶部的"TargetManager"按钮，进入目标管理。如图 13-1 所示。

图 13-1　TargetManager

单击"Creat Database"按钮，用来创建用户自己的识别图数据库。如图 13-2 所示。

图 13-2　创建 Database

选择创建好的识别图数据库，然后单击"Add Target"按钮（可以为当前的数据库中添加需要识别的元素），如图 13-3 所示。

图 13-3　Add Target

单击"Add Target"按钮，会弹出一个界面，需要用户填写如图 13-4 所示的内容。（这里 Target Image File 选择用户需要作为识别的图片）

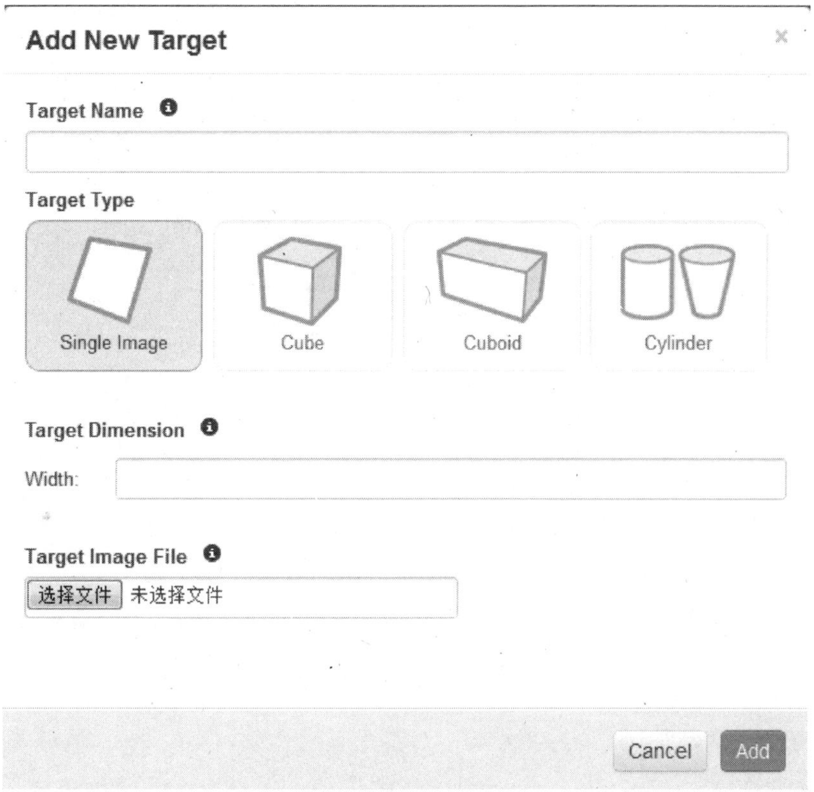

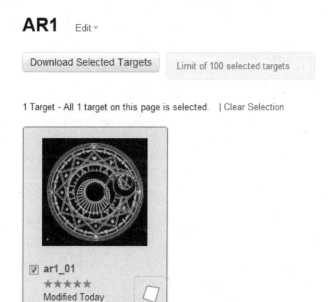

**图 13 - 4　Target 信息**

选择刚才添加的 Target(这里是 ar1_01)，然后单击"Download Selected Targets"按钮下载识别图资源包，如图 13 - 5 所示。

**图 13 - 5　Download Selected Targets**

单击"Download Selected Targets"按钮，会弹出一个视窗，在"Select a format to match your development option"选项中选择"Unity Editor"选项，如图 13 - 6 所示。Database Name 为我们需要生成的资源包的名字，单击"Creat"按钮即可生成资源包。

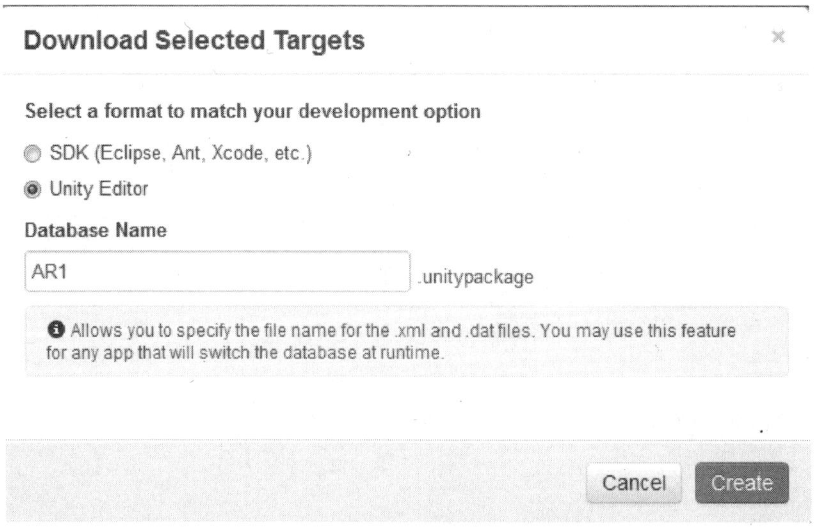

**图 13 - 6　根据选择的 Targets 生成资源包**

　　接下来需要下载 Vuforia SDK，选择"Resources"标签下的"Unity Extension"选项，然后单击 Download Unity Extension 3. x. x for Android & iOS 便可下载，如图 13 - 7 所示。

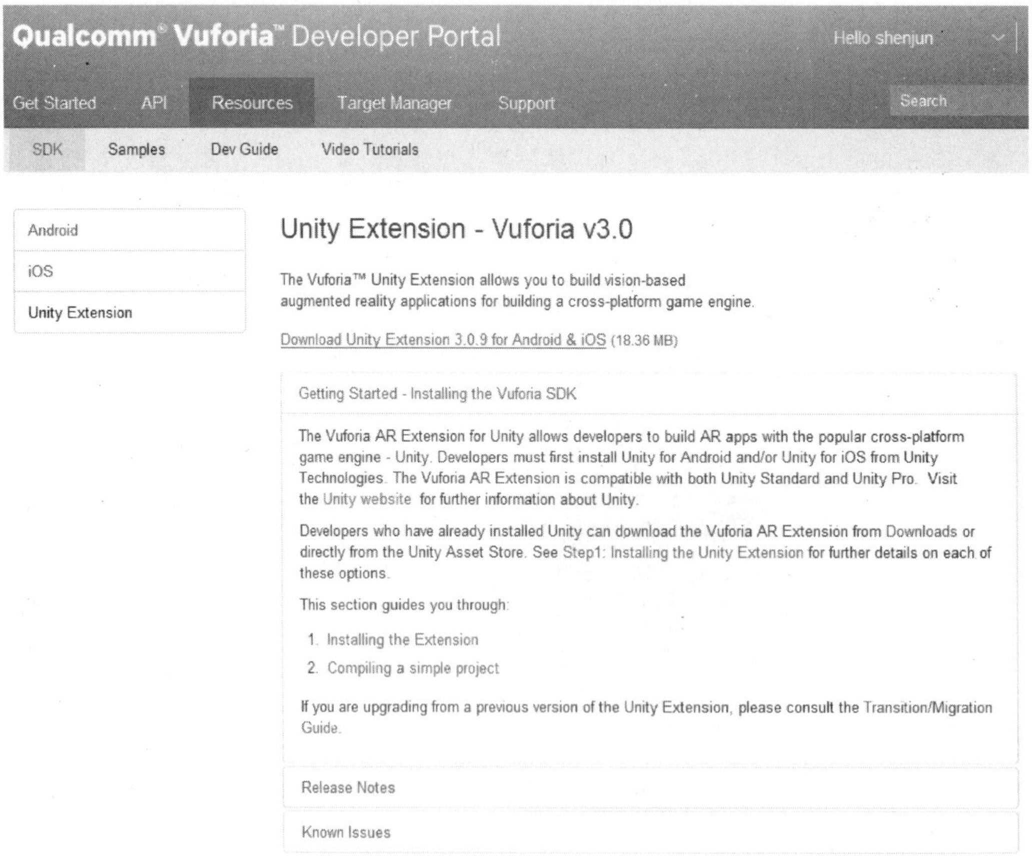

**图 13 - 7　下载 Vuforia SDK**

　　打开 Unity，新建工程，将之前导出的 Targets 包（识别图资源包）以及 Vuforia SDK 导入工程。接着将场景中的 Camera 删除，然后选择"Assets→Qualcomm Augmented Reality→Prefabs"里的 ARCamera 和 Image Target 添加到 Hierarchy 栏里，并调整 ARCamera 的视角，使其能拍摄到 Image

Target 且有一个合适的距离,如图 13 - 8 所示。

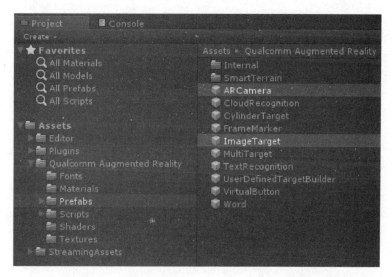

**图 13 - 8　添加 ARCamera 和 ImageTarget 到场景中**

在 ARCamera 的 Data Set Load Behaviour 脚本组件里找到并选择"Load Data Set AR1"选项,选择之后会出现 Activate,同样选择。如图 13 - 9 所示。

**图 13 - 9　Data Set Load Behaviour 脚本组件**

在 Image Target 的 Image Target Behaviour 的脚本组件中,选择 Vuforia 导出的识别图资源包,如图 13 - 10 所示。

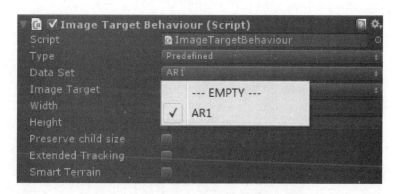

**图 13 - 10　Image Target Behaviour 脚本组件**

导入模型,并将模型设为 ImageTarget 的子物体,如图 13 - 11 所示。

接下来就可以将产品发布了,请参考下一小节。

### 3. 移动端发布及调试

在发布前,需要配置 Android 开发环境,具体步骤请参考官方文档 http://edu. china. unity3d. com/learning_document/getData? file＝/Manual/android-sdksetup. html。

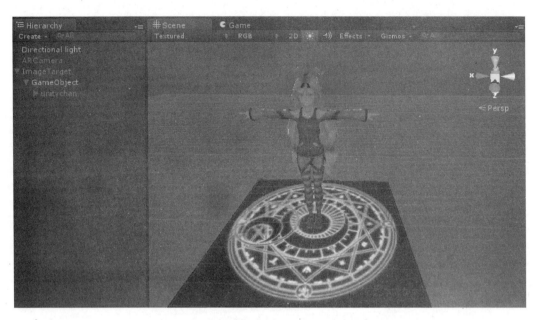

图 13 – 11　将模型设为 ImageTarget 的子物体

将手机用数据线连接电脑，如果手机不能被电脑识别，则需要在电脑上为手机安装驱动程序。

打开 Unity 中的"Build Settings"界面，如图 13 – 12 所示。首先将 Platform 切换到 Android，然后添加当前场景，单击"Build"按钮生成 APK 文件。可以将 APK 文件通过数据线安装到手机中，或者可以选择"Build And Run"选项直接安装到手机并运行。

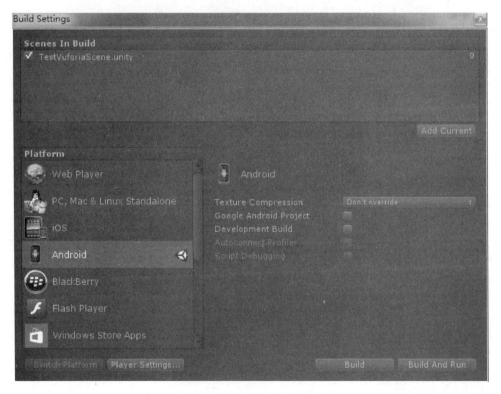

图 13 – 12　Build Settings 界面

程序运行以后，会默认打开摄像头，通过将摄像头对准需要识别的图片（也就是我们通过 Vuforia

产生资源包的图片），此时手机中会出现之前添加到场景中的人物模型，如图 13-13 所示。

图 13-13　手机中出现人物模型

# 第14章
# 虚拟现实技术应用

## 14.1 飞行模拟场景项目制作(适用专业:艺术设计、综合应用)

### 1. 飞行模拟场景构建

本节将演示制作一个偏向艺术设计类的实战项目——飞行模拟场景,该项目通过 Unity 中的地形系统,绘制出一个拥有山脉及峡谷的大场景,并制作模型飞机的交互控制,对场景进行浏览,如图 14-1 所示。

**图 14-1 飞行模拟场景**

首先,新建工程。选择"File→New Project"选项,创建一个新的工程,将工程名称命名为"FlySimulation",如图 14-2 所示。

选择"File→Save Scene"选项将场景保存,保存名称为"TerrainScene"。

选择"Assets→Import Package→Terrain Assets"选项将 Unity 自带的地形资源导入,如图 14-3 所示。

打开菜单栏中的"GameObject→Create Other→Terrain"选项,创建一个地形,如图 14-4 所示。

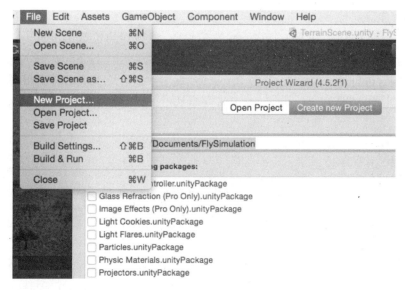

图 14-2　新　建　工　程

图 14-3　导入地形资源

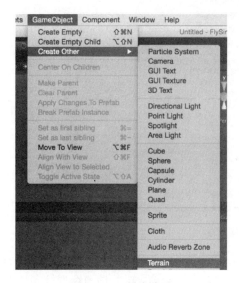

图 14-4　创建地形

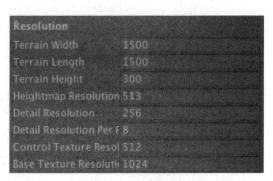

图 14-5　地形参数设置

创建地形后,首先要对地形的分辨率等参数进行设置,选中创建的 Terrain,在 Inspector 视图中选中设置 ![按钮] 按钮,在 Resolution 属性模块中,将地形的长宽都设置为 1 500,高度设置为 300,将细节分辨率设为 257,如图 14-5 所示,这样的参数设置有利于场景优化。

创建完地形之后,进行地形的绘制,单击 Inspector 视图中地形绘制工具的绘制按钮 ![按钮],在地形上绘制出山脉的初步效果,如图 14-6 所示。这一步骤要从整体角度来把握山脉效果,绘制出山脉的大致起伏。

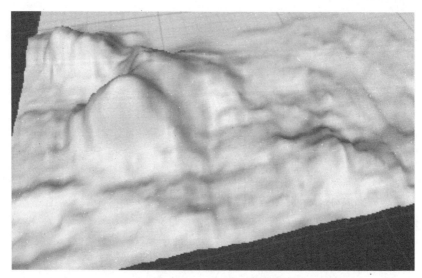

图 14-6 绘 制 山 脉

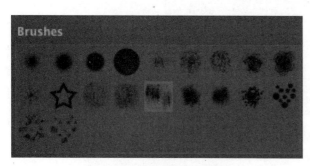

图 14-7 根据需要选择笔刷

绘制山脉的过程中可以选择"Brushes"栏中笔刷的样式(见图 14-7),为山脉增加结构,用于模拟山脊的效果。

部分高处的位置若要对其进行修平,需要使用 Inspector 视图中地形绘制工具的绘制高地按钮 ![按钮],将之前绘制的平坦地面与山体斜坡的边缘一部分绘制成平坦的高地。重复以上步骤,把握先整体、后细节的原则,将整个地形绘制出来,如图 14-8 所示。

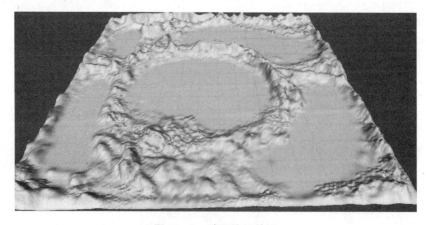

图 14-8 地形绘制效果

在高度绘制完毕之后,就需要对地形绘制纹理,这需要纹理贴图,在创建地形之前,地形所要使用到的贴图资源已经被导入到了 Unity 工程中,单击"Inspector"视图中地形绘制工具的纹理绘制按钮 ![按钮],

切换到"Paint Textures"模式,单击"Edit Texture …"按钮,选择"Add Texture …"选项,会弹出"Add Terrain Texture"对话框,如图 14 - 9 所示。单击"Texture"项的"Select"按钮,在弹出的"Select Texture2D"对话框中指定一张纹理作为地形的首层纹理(草地),如图 14 - 10 所示。

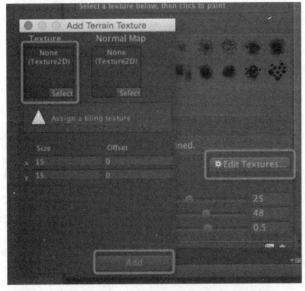

图 14 - 9　添加地形纹理窗口　　　　　　　　　　图 14 - 10　选择草地纹理

指定首层纹理后,Unity 会自动将首层纹理平铺在整个地形上。如果平铺的大小需要进行编辑的话,可以单击"Edit Texture …"按钮,选择"Edit Texture …"选项,在弹出的"Edit Terrain Texture"对话框中调节"Size"项的 X、Y 方向的数值即可。

首层纹理指定之后,接下来为地形指定沙土纹理,用于丰富地形效果,方法同指定首层纹理相同。然后选中新添加的纹理,利用笔刷将该纹理绘制到地形上。添加山石纹理,重复绘制纹理到地形的步骤,将整个地形的纹理绘制完毕,效果如图 14 - 11 所示。

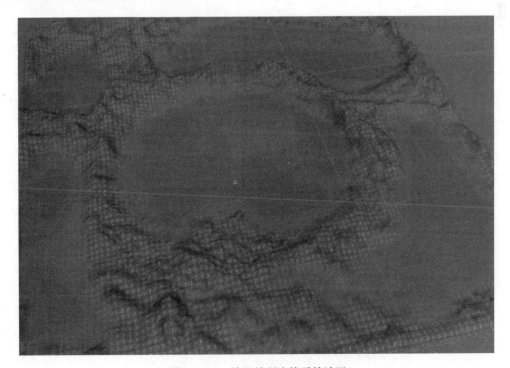

图 14 - 11　纹理绘制完毕后的地形

### 2. 场景细节及美化

在地形绘制完成之后,接下来为场景添加植物。在场景视图中选择地形,单击 Inspector 面板中地形编辑工具的第五个按钮 ![icon],切换到"Place Trees"模式,单击"Edit Trees"按钮 ![Edit Trees],选择"Add Tree"项 ![Add Tree],会弹出"Add Tree"对话框,单击 Tree 项右侧的圆圈按钮 ![Tree None (Game Object)],在弹出的"Select GameObject"对话框中指定一棵树作为地形的树木,选择刚创建好的自定义树木资源,利用笔刷在地形上绘制树木。如图 14-12 所示。

图 14-12　绘制场景中地形的树木

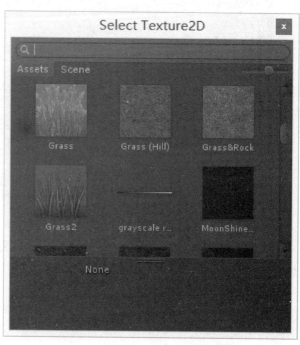

图 14-13　绘制场景中地形的花草

接着为场景添加花草。单击 Inspector 视图中地形绘制工具的绘制草及细节按钮 ![icon],切换到"Paint Details"模式,单击"Edit Details …"按钮 ![Edit Details...],选择"Add Grass Texture"选项 ![Add Grass Texture],会弹出"Add Grass Texture"对话框,单击"Detail Texture"项右侧的"圆圈"按钮 ![Detail Texture None (Texture 2D)],在弹出的"Select Texture2D"对话框中指定草的纹理,重复上步的操作,可以添加多种类型的草或灌木,然后在"Details"预览框中选中草,设置合适的参数后就可以利用笔刷在地形上进行种植,如图 14-13 所示。

树木和花草绘制完成后,可以为场景添加风力,让之前种植的树和花草能够摆动起来,使画面更具动感。

选择地形,在 Inspector 视图中,单击设置按钮 ![icon],可设置 Wind Settings 项下面的参数,这里我们将 Speed 参数设置为 0.7,Size 设置为 0.6,Bending 设置为 0.8。运行游戏,可以观察一下树和草摆动的效果,如图 14-14 所示。

图 14-14　风力的设置

接下来需要为场景添加天空。依次单击菜单栏中的"Assets→Import Package→Skyboxes"选项,为项目工程导入天空盒资源,单击"Import"按钮将资源导入。如图 14-15 所示。

在之前的章节中,提到过两种天空盒的添加方法,一种是在 Unity 中 Render Settings(渲染设置)里

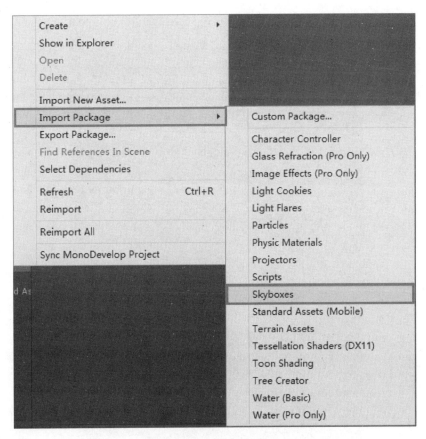

图 14-15　天空盒导入

进行指定,这种方法针对游戏场景;而另一种方式是为摄像机对象添加天空盒组件,在天空盒组件中进行指定,这种方法只针对摄像机本身。

这里采用第一种添加方法。选择菜单栏中的"Edit→Render Settings"选项,Inspector 视图中会显示出"Render Settings"的参数面板,在 Project 视图中选定一个天空盒,将天空盒材质拖动到"Render Settings"面板中的 Skybox material 选项中,如图 14-16 所示。天空盒添加完成后可以在场景视图中预览效果。

在之前绘制山脉时,我们留出一部分的空间用来添加水。由于高级水效果也就是 Pro 版本的水资源支持对游戏场景中的天空盒以及游戏对象进行反射、折射的运算,所以相比基础水来讲,高级水更注重游戏场景的环境。为了追求效果,我们使用 Pro 版本的水资源。

选择菜单栏中的"Assets→Import Package→Water(Pro Only)"选项,为项目工程导入 Water(Pro Only).UnityPackage,然后单击"Import"按钮将资源导入,如图 14-17 所示。资源包被导入后,资源包中同样包含两个水资源预设体,分别是 Daylight Water(白天水效果)预设体以及 Nighttime Water(夜晚水效果)预设体。将 Daylight Water 预设直接拖入场景中预留的位置中,调整大小,水资源的添加就完成了。在场景中预览水效果,可以看到高级水预设能够对游戏场景中的天空盒以及游戏对象等进行反射、折射运算,效果非常真实。

水效果添加完成后,地形的制作已经基本完成,此时需要完善整个场景的效果,并为场景添加可操控的飞机,进行飞行模拟。依次选择菜单栏中的"GameObject→Create Other→Directional light"选项,为场景添加一个方向光。Unity 会自动开启视图灯光按钮 ☀ 以启用光源照明效果,此时场景便明亮了许多。

默认创建的方向光一般用于模拟日光的照明效果,在"Inspector"视图中单击光源对象的 Light 组件中 Color 项右侧的色条,在弹出的"Color"对话框中调节光源的颜色,如图 14-18 所示。

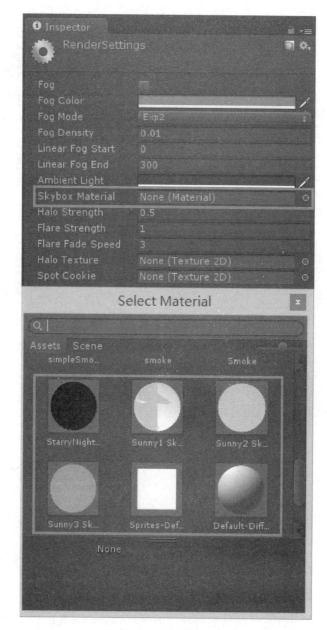

图 14-16　天空盒设置

如果觉得场景过暗,可以通过调节 Intensity(强度)到合适的数值,调节完光源的颜色以及强度之后,整个场景的效果有了部分提升,但还不是很完美。因为在真实的世界中,光线照射在物体上会有投影。接下来,需要为光源设置投影,单击 Shadow Type 项右侧按钮,在弹出的下拉列表框中选择"Soft Shadows(软阴影)"选项。如图 14-19 所示。

在真实的自然环境中,物体除了接受阳光的照射影响以外,还会受到大气漫反射光的影响,在蓝色天空情况下,大气漫反射光会呈现出偏蓝的颜色。所以可以为场景添加辅助光源,依次选择菜单栏中的"GameObject→Create Other→Point light"选项,为场景添加几个点光源,将点光源的范围值 Range 调整到 100,调整点光源在场景中的位置,使其打亮山的背面。

开启雾效将会在场景中渲染出雾的效果。依次选择菜单栏中的"Edit→Render Settings"选项,Inspector 视图中显示出 Render Settings 的参数面板,选择"Fog(雾效)"选项开启雾效,对 Fog Color(雾效颜色)参数进行调整,Fog Density 强度参数调整到 0.005,其他参数按照默认。如图 14-20、图 14-21 所示。

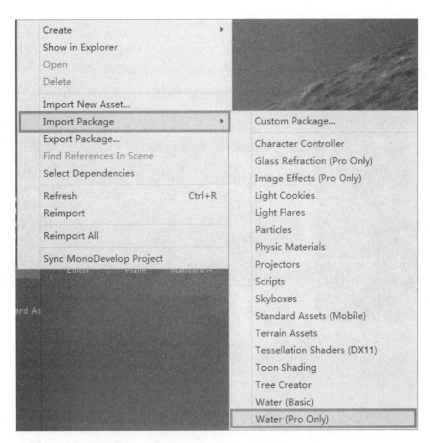

图 14-17　导 入 水 资 源

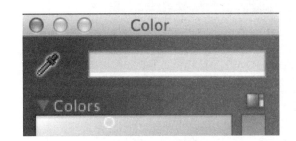

图 14-18　光源设置

图 14-19　阴影设置

### 3. 飞行交互制作

接下来进入最后的环节——对制作完的场景添加交互,也就是使用飞机视角来制作飞行模拟效果。依次选择"Assets→Import Package→Custom Package→Plane. unitypackage"选项,将飞机资源导入,如图 14-22、图 14-23 所示。

导入后在 Project 视图中可以看到新增的"Plane"文件夹 ![Assets] ,打开文件夹,将其中的"Plane"预设拖入场景中,移动物体到天空。

### 4. 使用 Oculus 体验飞行模拟交互

Oculus Rift 是一款为电子游戏设计的头戴式显示器,同时也是一款虚拟现实设备。它能够使使用者身体感官中的"视觉"部分如同进入游戏当中,达到身临其境的体验效果。

图 14-20　设置 Fog 颜色

图 14-21　雾效的设置

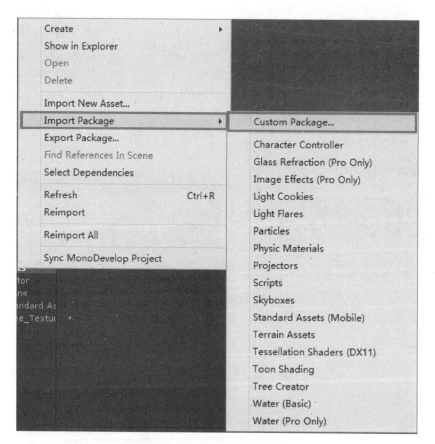

图 14-22　选择自定义资源包

首先安装 Oculus 的 SDK，点击并运行 oculus_runtime_rev_1_sdk_0.4.3_win.exe 可执行文件。

然后导入 Oculus 的资源文件，解压 ovr_unity_0.4.2_lib.zip 压缩文件，找到已解压的文件 OculusUnityIntegration 的文件夹目录，导入 Oculus 的资源包，通过选择"Assets→Import Package→

图 14 - 23  导入飞机资源包

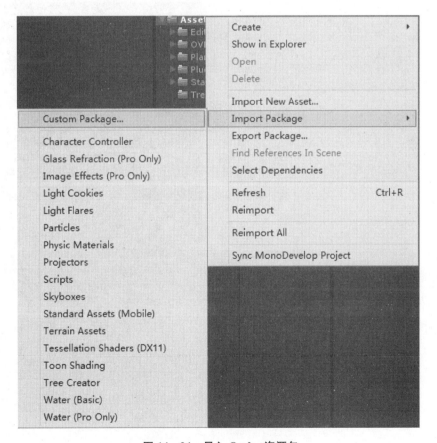

图 14 - 24  导入 Oculus 资源包

Custom Package"选项,如图 14 - 24、图 14 - 25 所示。

　　将场景中的 Main Camera 删掉,并将 Oculus 自带的预设 OVRCameraController 放入场景中作为飞机 Plane 的子物体。如图 14 - 26 所示,调整 transform 值。

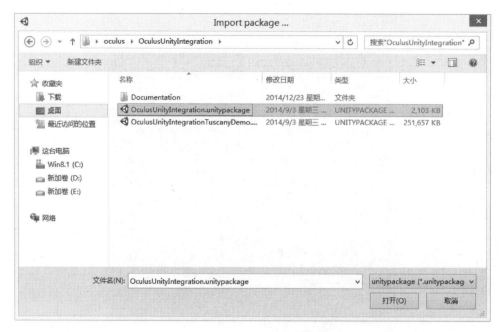

图 14 – 25　导入 Oculus 相关插件

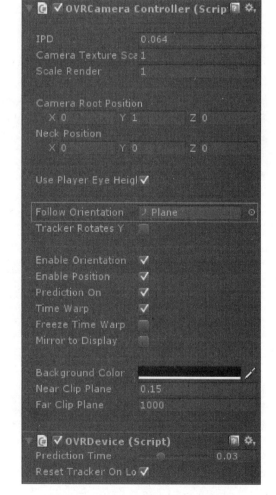

图 14 – 26　　　　　　　　　　　图 14 – 27　Oculus 相机控制预设设置

为了跟随飞机飞行视角,在 Hierarchy 视图中找到飞机 Plane,将它拖至 OVRCameraController 下的 Follow Orientation,如图 14 - 27 所示。

带上 Oculus 设备,运行游戏预览效果,可以看到飞机已经进入了飞行状态,使用键盘上的"W、S、A、D"键控制飞机的飞行方向,还可以通过鼠标左键发射导弹,身临其境地体验飞机飞行模拟的效果。效果图如图 14 - 28 所示。

图 14 - 28　Oculus 下的运行效果

至此,飞行模拟项目的练习就全部结束了,我们将之前章节所学习到的场景构建、地形系统、树编辑器以及灯光等内容进行了一次实际运用,能够发现这些知识在实际的运用中还有很多的技巧,每个知识点都是项目制作中不可缺少、甚至也是至关重要的部分。

## 14.2　飞机引擎拆装模拟项目设计(适用专业:综合应用、程序开发)

### 1. 项目需求分析与功能设计

为了更好地展示飞机引擎的结构以及各个部件,能够让一些飞机引擎爱好者能够了解飞机的各个部件以及对能够对刚从事飞机引擎研制工作的人员进行岗前培训,增加对飞机引擎的了解程度,并且能够全方位的对飞机引擎的各个部位进行观察,拟开发机械交互展示工程,该系统将使用虚拟现实技术实现各个飞机引擎各个部件间的对接,开发完成后,可以对飞机引擎各个部件进行全方面的展示。

在功能设计方面:
(1) 能够对飞机引擎进行组装和拆卸工作。
(2) 使用 Oculus 设备完成虚拟交互。

### 2. 程序流程设计

按照功能需求设计出程序流程图,如图 14 - 29 所示。

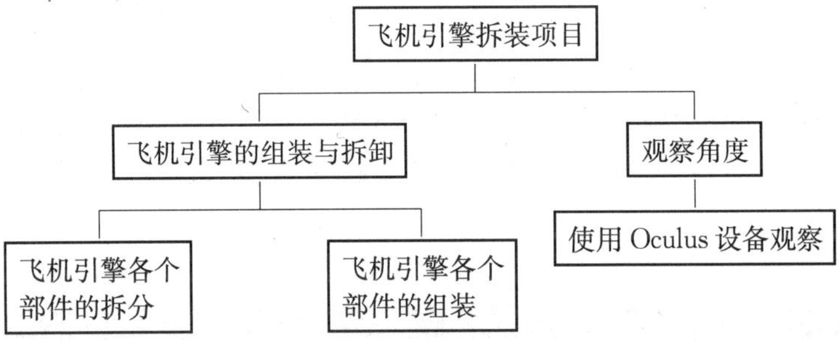

```
                    飞机引擎拆装项目
          ┌──────────────┴──────────────┐
    飞机引擎的组装与拆卸                观察角度
    ┌────────┴────────┐                    │
 飞机引擎各个        飞机引擎各个      使用 Oculus 设备观察
 部件的拆分          部件的组装
```

图 14-29  程序流程设计图

## 14.3  飞机引擎拆装模拟项目开发(适用专业:程序开发)

### 1. 模型的导入

打开 Unity 程序,导入飞机引擎资源(配套光盘\chapter14\PlaneEngine),点击 PlaneEngine 模型资源,在 PlaneEngine Import Settings 面板的 Rig 选项卡中指定它的动画类型为 None,单击"Apply"按钮(见图 14-30),这样可以节省游戏资源。

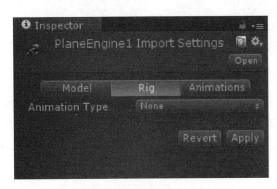

图 14-30  模型导入设置

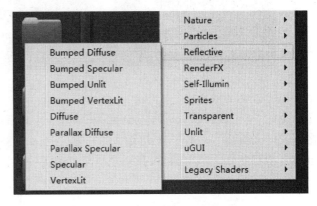

图 14-31  材质球 Shader 的设置

### 2. 模型材质的设置

在 Materials 文件夹下将 phong5、phong6 等材质球的 Shader 设置为 Reflective/Specular,如图 14-31 所示。

在 Project 面板中单击鼠标右键,单击"Create→Cubemap"按钮,创建 Cubemap 资源,并重命名

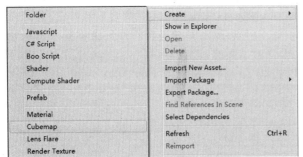

图 14-32  创建 Cubemap 资源

Reflection,并将该资源拖入 Reflective/Specular Shader 的 Reflection Cubemap 属性中,作为反射材质使用,如图 14-32 所示。

调节 Reflective/Specular 材质球下面的参数,使飞机引擎各部件材质调节到如图 14-33 所示的效果。

以 phong5 为例,调节后的 phong5 材质球的各个参数如图 14-34 所示。

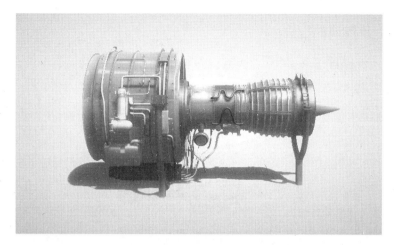

图 14 - 33　飞机引擎效果图

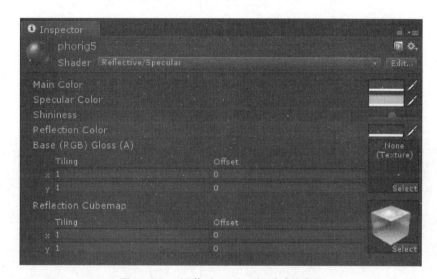

图 14 - 34　调节后 phong6 材质球的参数

### 3. 引擎各个模块的组装

这里将引擎划分为 12 个部分,每一个部分在飞机引擎中起到的作用各不相同,创建 12 个空物体(见图 14 - 35),同时为每一部分重新命名。在整个游戏对象中找到其相关部分拖入相关的空物体中,这样,移动父物体,其下面的子物体也会相应地移动。

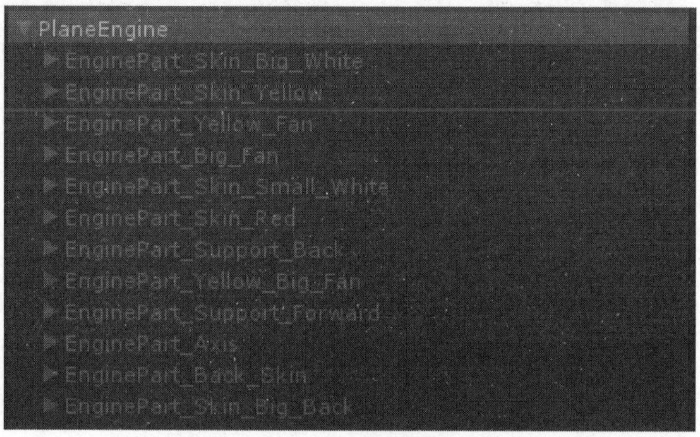

图 14 - 35　飞机引擎部分划分

### 4. 脚本控制引擎模块的拆分

拆分是对飞机引擎操作的重要功能,首先需要固定几个位置,用来指明每个飞机引擎部件具体移动到什么位置,如图 14 - 36 所示。

**图 14 - 36 飞机引擎各个部件所能到达的位置**

使用 Unity API 中的 Vector3 类中的 MoveTowards 类方法实现飞机引擎部件从当前位置移动到所指定的位置。

声明一个 Transform 类型的 engines 数组用来保存飞机引擎的各个部件,同时声明一个 Transform 类型的 startPoints 数组用来保存飞机引擎分开时所到达的位置,申明一个 Vector3 类型的数组 engineVec 用来保存飞机引擎的初始位置。如图 14 - 37 所示:

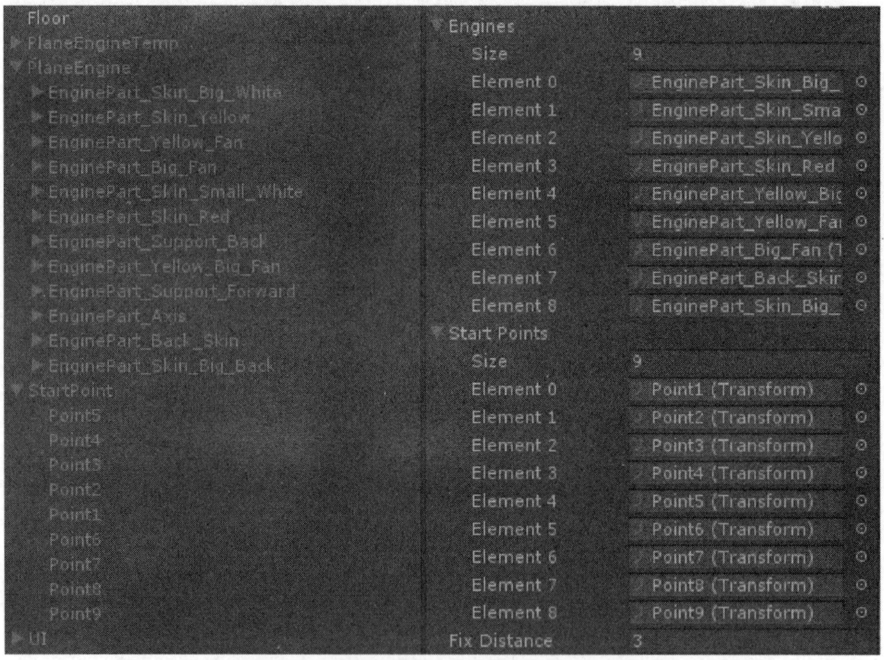

**图 14 - 37 脚本中的数组与游戏对象的对应**

```
Vector3[] engineVec = new Vector3[engines.Length];
    for(int i = 0; i < engines.Length; i++)
    {
        engineVec[i] = engines[i].position;
    }
```

定义一个方法 ControlPlaneEngine,在 Update 方法里调用。当按下 Space 键,将定义好的 isDiffuse 变量设置为!isDiffuse,isReset 变量设置为!isReset;如果 isDiffuse 为 true 则调用

DiffusePlaneEngine 方法,使飞机引擎部件自动分开。如果 isReset 值为 true,则调用 Reset 方法,使飞机引擎部件自动组合。

```
//如果按下空格键,可以使飞机引擎部分自动分开
if(Input.GetKeyDown(KeyCode.Space))
{
    isReset = ! isReset;
    isDiffuse = ! isDiffuse;
}
//如果 isDiffuse 变量为 true,调用 DiffusePlaneEngine 方法
if(isDiffuse)
{
    DiffusePlaneEngine();
}
/// <summary>
/// 拆分引擎
/// </summary>
void DiffusePlaneEngine()
{
    for(int i = 0; i < engines.Length; i++)
    {
        engines[i].position = Vector3.MoveTowards(engines[i].position, startPoints[i].position, diffuseSpeed);
    }
}
//如果 isReset 变量为 true,调用 Reset 方法
if(isReset)
{
    Reset();
}
/// <sumary>
/// 自动组合引擎
///</sumary>
void Reset()
{
    for(int i = 0; i < engines.Length; i++)
    {
        engines[i].position = Vector3.MoveTowards(engines[i].position, engineVec[i], diffuseSpeed);
    }
}
```

飞机引擎部件分开的效果图如图 14 - 38 所示。

飞机引擎部件组合的效果如图 14 - 39 所示。

**图 14-38　飞机引擎部件分开的效果图**

**图 14-39　飞机引擎部件组合的效果图**

### 5. 按键控制飞机引擎变色

单击相应的键盘按键,可以使飞机引擎变色,这里单击 PlaneEngine 游戏对象,按 Ctrl+D 复制一个飞机引擎,同时创建一个新的 Material 重新命名为"phong_5",将 phong_5 的 Shader 设置为 Transparent/Diffuse,同时改变其颜色,如图 14-40 所示。

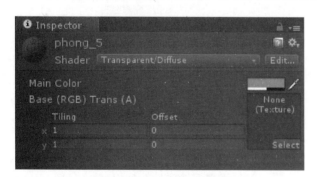

**图 14-40　phong_5 材质**

将 phong_5 材质应用到复制的发动机上,效果如图 14-41 所示:

将复制的每一部分引擎部件的激活物体选框的对号去掉。

定义一个方法 ChangeEngineColor,在 Update 方法里调用。定义一个变量 isChange,初始值为 false,当按下键盘按键 F 时,isChange 的值取反,即!isChange,当 isChange 的值为 true 时,飞机引擎各部件改变材质颜色,否则保持初始材质颜色。

```
if(Input.GetKeyDown(KeyCode.F))
{
    isChange = ! isChange;
```

图 14-41　提示发动机位置各部件的效果图

```
}
if(isChange)
{
    for(int i = 0; i < engines.Length; i++)
    {
    changeColorEngine[i].position = engines[i].position;
    engines[i].gameObject.SetActive(false);
    changeColorEngine[i].gameObject.SetActive(true);
    }
}
else
{
    for(int i = 0; i < engines.Length; i++)
    {
        changeColorEngine[i].position = engines[i].position;
        engines[i].gameObject.SetActive(true);
        changeColorEngine[i].gameObject.SetActive(false);
    }
}
```

### 6. 使用 Oculus 设备完成飞机引擎的虚拟交互

导入 Oculus 的相关资源(同上节内容),接下来,将场景中的 Main Camera 删掉,并把 Oculus 自带

的预设拖入 Hierarchy 视图中,设置其 transform 值为

,以便于观察飞机引擎的拆装。并把之前的脚本添加给到

OVRcameraController。

到这里为止，整个发动机拆装的虚拟现实仿真项目就完成了。可以运行程序，浏览整个项目的运行结果，如果运行一切正常，即可进行发布。如图 14 - 42 所示。

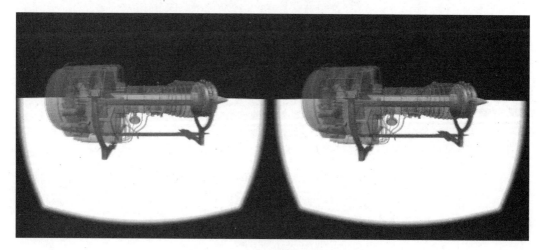

图 14 - 42　飞机引擎项目运行视图

依次打开菜单栏中的"File→Build Settings"选项，弹出"Build Settings（发布设置）"对话框，在Platform 区域中选择"PC, Mac&Linux Standalone"选项，单击"Add Current"按钮将当前场景添加到Scenes In Build 区域中。选择"Scenes/PlaneEngine. unity"复选框，该复选框靠右边的数字 0 表示游戏运行时最先加载的场景（前提需要在 Player Settings 中设置 First Streamed Level 的值为 0），单击右下方的 Build 按钮，选择文件的存放位置，即可发布到 PC 平台，如图 14 - 43 所示。

图 14 - 43　**BuildSettings 发布设置**

在发布完成之后，飞机引擎拆装项目的开发便全部完成了。

# 第 15 章
# 游戏项目开发实战（适用专业：程序开发）

## 15.1 游戏流程设计

### 1. 游戏设计

本游戏是一款 2D 飞机射击类游戏，由玩家控制飞机发射子弹击毁敌机，敌机被击毁，则玩家加分；如果玩家飞机被敌机击毁或者坠毁，则游戏结束。玩家可以单击"重新开始"按钮来重新开始游戏。

（1）玩家飞机：由玩家控制，可以上下移动和发射子弹攻击。

（2）敌机 1：随机生成，可以向前移动并发射子弹攻击玩家飞机。

（3）敌机 2：随机生成，曲线移动，撞击玩家飞机。

游戏流程如图 15-1 所示。

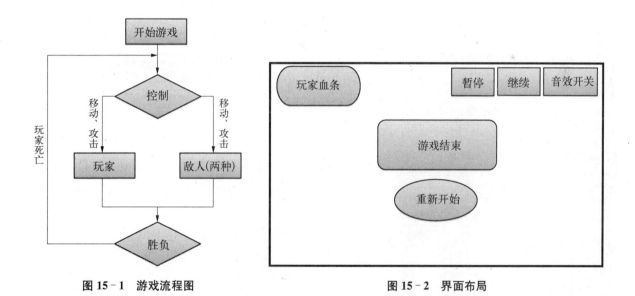

图 15-1 游戏流程图          图 15-2 界面布局

### 2. 游戏界面

游戏界面包括玩家飞机血条、游戏结束、重新开始、游戏暂停、游戏继续、音效开关和游戏积分，如图 15-2 所示。

### 3. 游戏控制

玩家飞机控制，按空格键（Space）则使飞机上升，按"Ctrl"键则发射子弹攻击敌人。

### 4. 胜负判定

如果玩家飞机被敌机击毁、撞毁或者坠毁,则游戏结束。

## 15.2　游戏场景构建

(1) 调整 Main Camera 的"Projection"属性为"Orthographic",如图 15 - 3 所示。

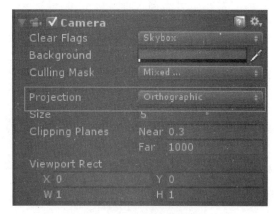

图 15 - 3　设置摄像机

图 15 - 4　游戏背景 Background

(2) 选择"GameObject→Create Empty"选项创建一个空物体,重新命名为"Background",如图 15 - 4 所示。

① 背景天空(sky)。选择"Assets→Create→Material"选项创建两个材质球,分别命名为"sky"和"sky2",在 Textures 文件夹目录下找到"Sky_Background"和"Sky_Background_B"两张贴图,,分别添加到两个材质球"sky"和"sky2"中。

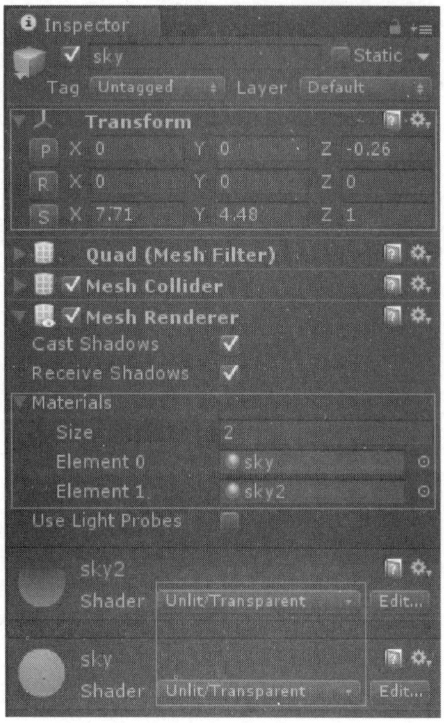

选择"Gameobject→CreateOther→Quad"选项创建一个面片,命名为"sky",设定其为"Background"的子物体,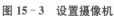调整"sky"的大小使其与屏幕相配,再把已经创建好的两个材质球"sky"和"sky2"附给"sky"。"sky"如图 15 - 5 所示。

② 背景火焰(far_fire 和 close_fire)。选择"Assets→Create→Material"选项创建两个材质球,分别命名为"Far_Fire"和"Close_Fire",在 Textures 文件夹目录下找到"Far_Fire"和"Close_Fire"两张贴图,再分别添加到材质球"Far_Fire"和"Close_Fire"中。

选择"Gameobject→CreateOther→Quad"选项创建一个面片,命名为"far_fire",设定其为"Background"的子物体,调整"far_fire"的大小使其与屏幕相配,再把已经创建好的材质球"Far_Fire"附给"far_fire"。为了达到预期的火焰偏移效果,为其添加一个控制脚本"offset_test"。

代码如下:

图 15 - 5　背景天空 sky

```
public class offset_test: MonoBehaviour
{
    public float speed = 0.1f;//偏移速度
    void Update()
    {
        float offset = Time.time * speed;//偏移量
        renderer.material.SetTextureOffset("_MainTex",new Vector2(offset, 0));//设置纹
理偏移,产生偏移
    }
}
```

"far_fire"如图 15 - 6 所示。

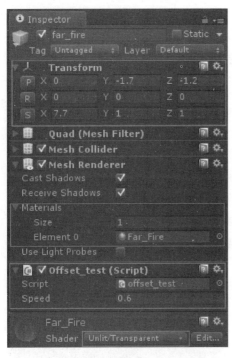

图 15 - 6　背景火焰 far_fire

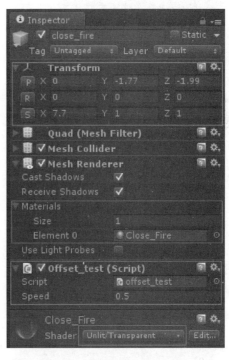

图 15 - 7　背景火焰 close_fire

选择"Gameobject→CreateOther→Quad"选项创建一个面片,命名为"close_fire",设定其为"Background"的子物体,调整"close_fire"的大小使其与屏幕相配,再把已经创建好的材质球"Close_Fire"给"close_fire"。为了达到预期的火焰偏移效果,为其添加控制脚本"offset_test"。

"close_fire"如图 15 - 7 所示。

③ 背景房屋(close_house 和 far_house)。选择"Assets→Create→Material"选项创建两个材质球,分别命名为"Far_House"和"Close_House",在 Textures 文件夹目录下找到"Far_Build"和"Close_Build"两张贴图,再分别添加到材质球"Far_House"和"Close_House"中。

选择"Gameobject→CreateOther→Quad"选项创建一个面片,命名为"far_house",设定其为"Background"的子物体,调整"far_house"的大小使其与屏幕相配,再把已经创建好的材质球"Far_House"给"far_house"。为了达到预期的房屋偏移效果,为其添加一个脚本"offset_test"。

"far_house"如图 15 - 8 所示。

选择"Gameobject→CreateOther→Quad"选项创建一个面片,命名为"close_house",设定其为"Background"的子物体,调整"close_house"的大小使其与屏幕相配。把已经创建好的材质球"Close_

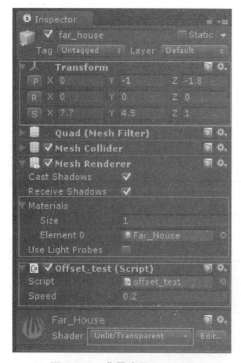

图 15-8　背景房屋 far_house

House"给"close_house"。为了达到预期的房屋偏移效果,为其添加一个脚本"offset_test"。

"close_house"如图 15-9 所示。

④ 背景云(cloud)。选择"Assets→Create→Material"选项创建一个材质球,命名为"cloud",在 Textures 文件夹目录下找到"Cloud_Background-1",添加到材质球"cloud"中。

选择"Gameobject→CreateOther→Quad"选项创建一个面片,命名为"cloud",设定其为"Background"的子物体,调整"cloud"的大小使其与屏幕相配,再把已经创建好的材质球"cloud"给"cloud"面片。为了达到预期的房屋偏移效果,为其添加一个脚本"offset_test"。

"cloud"如图 15-10 所示。

⑤ 顶部边界(TopLine)。在 Textures 文件夹目录下找到"Role 1_7",拖入场景中并设定其为"Background"的子物体,调整"Role 1_7"的大小使其与屏幕相配。

为了防止飞机飞出屏幕外,要给定一个顶部的边界,也就是为"Role 1_7"添加一条碰撞线,选择"Component→Physics 2D→Edge Collider 2D"选项创建如图 15-11 所示。

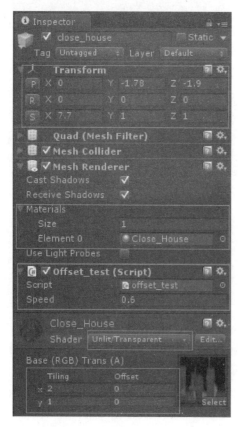

图 15-9　背景房屋 close_house

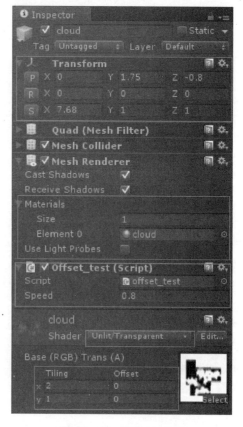

图 15-10　背景云 cloud

按住 shift 键设置"Edge Collider"的两个顶点,使其成为游戏的顶端边界,如图 15-12 所示。

至此,游戏的背景的搭建已经完成,效果如图 15-13、图 15-14 所示。

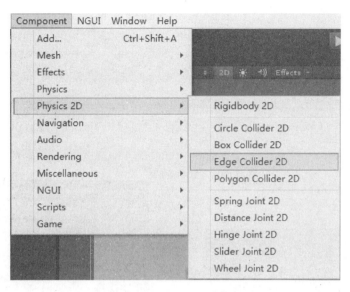

图 15-11 添加 Edge Collider

图 15-12 设置 Edge Collider

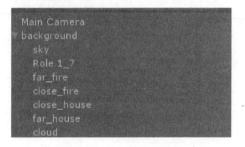

图 15-13 背 景 层 级

图 15-14 游戏背景效果图

## 15.3 游戏界面构建

本游戏界面分为四部分,玩家血条、分数、按钮和游戏结束。

选择"GameObject→Create Empty"选项创建一个空物体,命名为"GameUI"。如图 15 - 15 所示。

图 15 - 15 游戏界面 GameUI

图 15 - 16 血条 HealthUI

### 1. 玩家血条(HealthUI)

(1) 在 Textures 文件夹目录下找到"Role 1_30",拖入场景中,命名为"HealthUI",作为"GameUI"的子物体,如图 15 - 16 所示。

(2) 在 Textures 文件夹目录下找到"Role 1_31",拖入场景中,命名为"bloodUI",作为"HealthUI"的子物体,如图 15 - 17 所示。

图 15 - 17 血条 bloodUI

图 15 - 18 游戏结束 GameOver

### 2. 游戏结束(GameOver)

在 Textures 文件夹目录下找到"Role 1_32",拖入场景中,命名为"GameOver",作为"GameUI"的

子物体,如图 15-18 所示。

### 3. 游戏分数(Score)

在 Textures 文件夹目录下找到"Role 1_21",拖入场景中,命名为"Score",作为"GameUI"的子物体,如图 15-19 所示。

图 15-19　分数 Score

### 4. 游戏按钮(Buttons)

(1) 选择"GameObject→Create Empty"选项创建一个空物体,命名为"Buttons",作为"GameUI"的子物体。如图 15-20 所示。

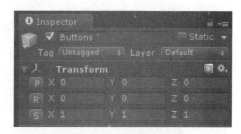

图 15-20　按钮 Buttons

(2) 在 Textures 文件夹目录下找到"Role 1_26",拖入场景中,重命名为"ReStart",作为"Buttons"的子物体,为其添加一个碰撞组件"Circle Collider 2D"。如图 15-21 所示。

(3) 在 Textures 文件夹目录下找到"Role 1_25",拖入场景中,重命名为"PauseGame",作为"Buttons"的子物体,为其添加一个碰撞组件"Box Collider 2D"。如图 15-22 所示。

(4) 在 Textures 文件夹目录下找到"Role 1_29",拖入场景中,重命名为"PlayGame",作为"Buttons"的子物体,为其加一个碰撞组件"Box Collider 2D"。如图 15-23 所示。

(5) 在 Textures 文件夹目录下找到"Role 1_28",拖入场景中,重命名为"MusicOn",作为"Buttons"的子物体,为其添加一个碰撞组件"Box Collider 2D"。如图 15-24 所示。

(6) 在 Textures 文件夹目录下找到"Role 1_22",拖入场景中,重命名为"MusicOff",作为"Buttons"的子物体,为其添加一个碰撞组件"Box Collider 2D"。如图 15-25 所示。

游戏按钮的层级结构如图 15-26 所示。

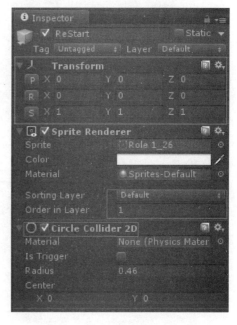

图 15-21　重新开始 ReStart

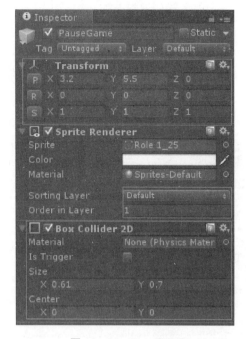

图 15‐22　PauseGame

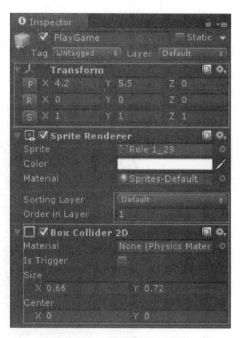

图 15‐23　继续游戏 PlayGame

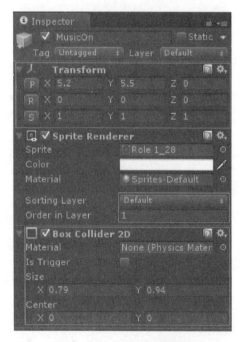

图 15‐24　音乐开 MusicOn

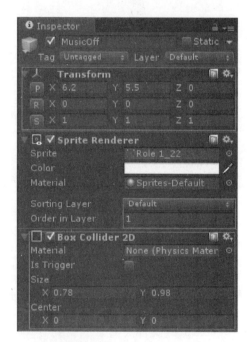

图 15‐25　音乐关 MusicOff

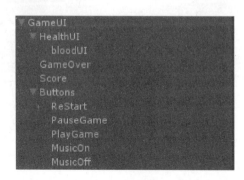

图 15‐26　Hierarchy 视图中的游戏按钮

## 15.4 游戏音效调用

本游戏音效分为两部分:背景音乐和子弹音效。

选择"GameObject→Create Empty"选项创建一个空物体,命名为"Musics"。如图 15-27 所示。

图 15-27 游戏音乐 Musics

### 1. 游戏背景音乐(BGM)

选择"GameObject→Create Empty"选项创建一个空物体,命名为"BGM",作为"Musics"的子物体,添加"Audio Source"组件,从 Music 文件夹中找到"GroundSound",添加给"Audio Source"组件。如图 15-28 所示。

### 2. 游戏子弹音效(BulletsMusic)

选择"GameObject→Create Empty"选项创建一个空物体,命名为"BulletsMusic",作为"Musics"的子物体,添加"Audio Source"组件,从 Music 文件夹中找到"BulletSound",添加给"Audio Source"组件。如图 15-29 所示。

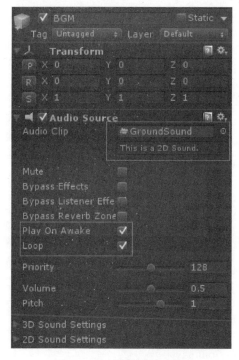

图 15-28 背景音乐 BGM

图 15-29 子弹音效 BulletsMusic

## 15.5 游戏按钮控制

(1) 选择"GameObject → Create Empty"选项创建一个空物体,命名为"ButtonControl"。如图 15-30 所示。

图 15-30　游戏按钮控制 ButtonControl

图 15-31　ButtonControl 的 Onclick 脚本

（2）为"ButtonControl"添加按钮控制脚本组件，命名为"Onclick"，并将之前创建的"BGM"和"BulletsMusic"对象附给"Onclick"脚本组件，如图 15-31 所示。

Onclick 脚本代码如下：

```
public class Onclick: MonoBehaviour
{
    public AudioSource backGoundMusic;//背景音乐
    public AudioSource bulletsMusic;//子弹声音
    Ray ray;//射线
    RaycastHit2D other;//射线物理碰撞
    Camera cam;//摄像机
    public static bool isMusic;//声音开关
    // Use this for initialization
    void Start()
    {
        cam = Camera.main;
        isMusic = true;
    }

    // Update is called once per frame
    void Update()
    {
        //鼠标发射射线
        ray = cam.ScreenPointToRay(Input.mousePosition);
        //点击鼠标左键时
        if(Input.GetMouseButtonDown(0))
        {
            other = Physics2D.GetRayIntersection(ray);
            if(other.collider ! = null)
            {
                //当鼠标点击重新开始按钮时
                if(other.collider.name = = "ReStart")
                {
                    //重置分数
                    PlaneControl.count1 = 0;
```

```
        bullets.count2 = 0;
        //重新载入场景
        Application.LoadLevel("Test01");
        Time.timeScale = 1;
    }
    //当鼠标点击暂停游戏按钮时
    else if(other.collider.name = = "PauseGame")
    {
        //音效暂停,时间暂停
        backGoundMusic.Pause();
        bulletsMusic.Pause();
        Time.timeScale = 0;
    }
    //当鼠标点击开始游戏按钮时
    else if(other.collider.name = = "PlayGame")
    {
        //当音效开时
        if(isMusic = = true)
        {
            //如果音效正在播放,返回
            if(backGoundMusic.isPlaying || bulletsMusic.isPlaying)
            {
                return;
            }
            //如果音效没有在播放,则播放
            else
            {
                bulletsMusic.Play();
                backGoundMusic.Play();
            }
            //时间开始
            Time.timeScale = 1;
        }
        //当音效关时
        else
        {
            Time.timeScale = 1;
        }
    }
    //当鼠标点击音效开按钮时
    else if(other.collider.name = = "MusicOn")
    {
        //打开音效
```

```
            isMusic = true;
            if(backGoundMusic.isPlaying || bulletsMusic.isPlaying)
            {
                return;
            }
            else
            {
                bulletsMusic.Play();
                backGoundMusic.Play();
            }
        }
        //当鼠标点击音效关按钮时
        else if(other.collider.name = = "MusicOff")
        {
            //关闭音效
            isMusic = false;
            backGoundMusic.Stop();
            bulletsMusic.Stop();
        }
      }
    }
  }
}
```

## 15.6　敌人 AI 制作

本游戏敌人分为两种：一种是随机生成可以发射子弹攻击的敌人"enemy01"；另一种是随机生成可以曲线移动撞击玩家的敌人"enemy02"。

### 1. 敌人 1(可发射子弹攻击的敌人)enemy01

(1) 敌人子弹(预设)。在 Textures 文件夹目录下找到"Role 1_8"，拖入场景中，重命名为"enemyBullet"，为其添加碰撞盒组件和刚体组件，如图 15 - 32 所示。

选择"Tag→AddTag→enemyBullet"选项给敌人子弹添加并设置标签，如图 15 - 33 所示。

给敌人子弹添加脚本"enemyBullets"，代码如下：

```
public class enemyBullets : MonoBehaviour
{
    private float destroyTime;//子弹销毁时间
    void Update()
    {
        //子弹发射3秒后自动销毁
        destroyTime + = Time.deltaTime;
        if (destroyTime > 3f)
```

```
        {
            Destroy(this.gameObject);
            destroyTime = 0;
        }
    }
    void OnCollisionEnter2D (Collision2D col)//因为碰撞盒是 2D 的,这里应该用
OnCollisionEnter2D 方法
    {
        //如果子弹打到敌人,则销毁子弹
        if (col.transform.tag = = "enemy")
        {
            GameObject.Destroy(gameObject);
        }
    }
}
```

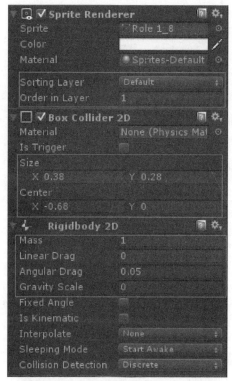

图 15-32 敌人子弹组件 enemyBullet

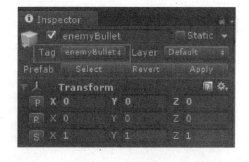

图 15-33 敌人子弹标签

　　创建一个文件夹,命名为"Prefabs",将场景中的子弹"enemyBullet"做成预设放入 Prefabs 文件夹中,然后将场景中的子弹"enemyBullet"删除。

　　(2) 敌人(预设)enemy01。在 Textures 文件夹目录下找到"Role 1_1",拖入场景中,重命名为"enemy01",选择"Component→Physics 2D→Polygon Collider 2D"选项为其添加多边形碰撞盒,如图15-34、图 15-35 所示。

　　选择"Tag→AddTag→enemy"选项给敌人添加并设置标签,如图 15-36 所示。

　　添加敌人子弹发射位置,选择"GameObject→Create Empty"选项创建一个空物体,命名为"enemyBulletsPos",作为敌人的子物体,如图 15-37 所示。

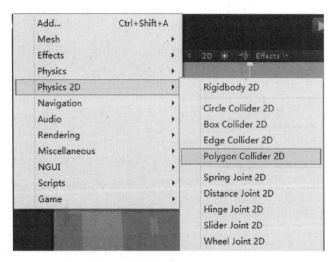

图 15 - 34　添加多边形碰撞盒

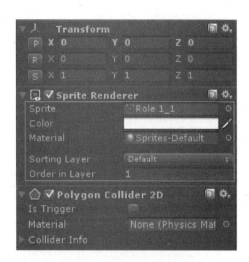

图 15 - 35　敌人 enemy01

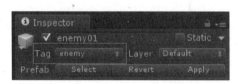

图 15 - 36　敌人 1 标签

图 15 - 37　子弹发射位置 enemyBulletsPos

　　敌人爆炸效果"boom"制作,在 Textures 文件夹目录下找到"expl_007",选中"expl_007_0～expl_007_6"和"expl_007_9～expl_007_11",拖入场景中,命名其"animator"文件为"boom"并保存,把场景中的"expl_007_0"也重新命名为"boom",再找到之前保存的爆炸的"animator"文件"boom",设置循环时间禁用,如图 15 - 38 所示。

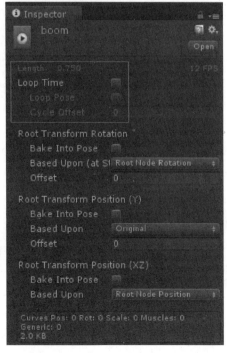

图 15 - 38　boom 的 animator 设置

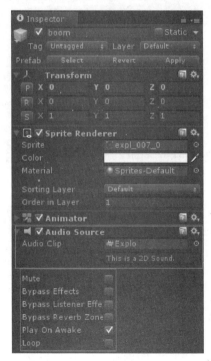

图 15 - 39　boom 声音组件设置

给"boom"添加"audio source"组件,在 Music 文件夹下找到爆炸声效"Explo",附给"boom"的"audio source",如图 15-39 所示。

将场景中的爆炸"boom"放到 prefabs 文件夹中作为预设,然后将场景中的敌人"boom"删除。

给敌人添加脚本"enemy01",代码如下:

```
public class enemy01 : MonoBehaviour
{
    public GameObject enemyBullets;//敌人子弹
    public Transform enemyBulletsPos;//敌人子弹的发射位置
    public float enemyBulletSpeed = 600;//敌人的子弹速度
    public float enemySpeed = 10f;//敌人的移动速度
    float enemyBulletTime;//敌人子弹发射时间间隔
    public GameObject boom;//爆炸效果
    void Update()
    {
        enemyBulletTime += Time.deltaTime;//记录敌人发射子弹的时间间隔
        transform.Translate(- transform.right * Time.deltaTime * enemySpeed);//敌人移动
        if (enemyBulletTime > 0.8f)//敌人发射子弹攻击,攻击间隔为 0.8 秒
        {
            GameObject enemyBulletsTemp = GameObject.Instantiate (enemyBullets, enemyBulletsPos.position, Quaternion.identity) as GameObject;//在敌人子弹的发射位置生成子弹
            GameObject.Destroy(enemyBulletsTemp, 3f);//子弹发射 3 秒后销毁
            enemyBulletsTemp.rigidbody2D.AddForce (- enemyBulletsPos.right * enemyBulletSpeed, ForceMode2D.Force);//子弹移动
            enemyBulletTime = 0;//重置时间
        }
    }
}
```

将爆炸预设"boom",敌人子弹预设"enemyBullet"和敌人子弹发射位置对象"enemyBulletsPos"拖给"enemy01"脚本组件。敌人"enemy01",如图 15-40 所示。

将场景中的敌人"enemy01"放到 prefabs 文件夹中作为预设,然后将场景中的敌人"enemy01"删除。

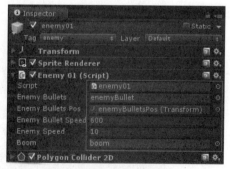

图 15-40　敌人 enemy01

## 2. 敌人 2(可曲线移动的飞机)enemy02

在 Textures 文件夹目录下找到"Role 1_6",拖入场景中,重命名为"enemy02",选择"Component→Physics 2D→Polygon Collider 2D"选项为其添加多边形碰撞盒组件,如图15-41 所示。

选择"Tag→Add Tag→enemy"选项给敌人添加并设置标签,如图 15-42 所示。

添加"animation"组件,选择"Window→Animation→Create New Clip"选项给敌人"enemy02"添加录制动画,命名为"enemy02",调节敌人对象"enemy02"的"transform"组件使其曲线浮动。动画"enemy02"如图 15-43 所示。

图 15 - 41 敌人 enemy02

图 15 - 42 敌人 2 的标签

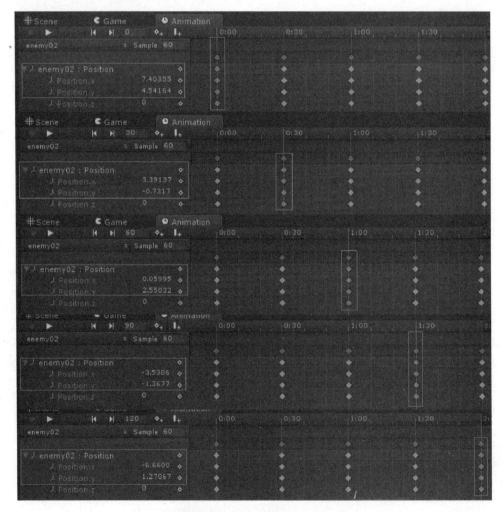

图 15 - 43 敌人动画 enemy02

将录制的动画"enemy02"附给敌人对象"enemy02"的"animation"组件。如图 15 - 44 所示。给敌人对象"enemy02"添加脚本"enemy02",代码如下：

```
public class enemy02：MonoBehaviour
```

```
{
    //敌人的移动速度
    public float enemySpeed = 20f;
    void Update()
    {
        //敌人移动
        transform.Translate( - transform.right * Time.deltaTime * enemySpeed);
    }
}
```

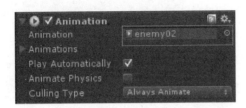

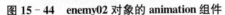

图 15-44　enemy02 对象的 animation 组件　　　　图 15-45　enemy02 的脚本组件

敌人对象"enemy02"脚本组件如图 15-45 所示。

将场景中的敌人"enemy02"放到 Prefabs 文件夹中作为预设,然后把场景中的敌人对象删除。

### 3. 敌人控制

(1) 创建一个空物体"GameObject→Create Empty",命名为"EnemyControl",再给其添加一个脚本"enemyControl",代码如下：

```
public class enemyControl: MonoBehaviour
{
    public GameObject enemy01;//敌人 1
    public GameObject enemys02;//敌人 2
    float setTime;//敌人出现的时间间隔
    Vector2 setPos;//敌人出现位置
    float yPos;//敌人在 Y 轴上的出现位置
    void Update()
    {
        //敌人在 Y 轴上的出现位置范围
        yPos = Random.Range( - 2.2f, 5.2f);
        //计时器
        setTime + = Time.deltaTime;
        //敌人生成位置
        setPos = new Vector2(8.3f, yPos);
        //敌人每隔 1 秒钟生成
        if(setTime > 1f)
        {
            //生成敌人 1
            GameObject enemyTemp = GameObject.Instantiate(enemy01, setPos, Quaternion.
```

```
identity) as GameObject;
                //5 秒后销毁敌人 1
                Destroy(enemyTemp, 5f);
                //生成敌人 2
                    GameObject enemyTemp2 = GameObject. Instantiate (enemys02, setPos,
Quaternion. identity) as GameObject;
                //5 秒后销毁敌人 2
                Destroy(enemyTemp2, 5f);
                //重置时间
                setTime = 0;
            }
        }
    }
```

(2) 把 prefabs 文件夹下的敌人预设附给敌人控制脚本
"enemyControl"。如图 15－46 所示。

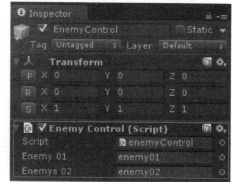

图 15－46　EnemyControl(敌人控制)

## 15.7　游戏玩家控制

玩家控制的飞机,可以上下移动(按空格键)和发射子弹攻击(按右 Ctrl 键)。

(1) 在 Textures 文件夹目录下找到"Role 1_0",拖入至场景中,命名为"Player",修改其
"transform"组件,并选择"Component→Physics 2D→Rigidbody 2D"选项为其添加刚体组件和选择
"Component→Physics 2D→Polygon Collider 2D"选项碰撞组件,再选择"Tag→Add Tag→Player"选项
添加并设置"Player"标签。如图 15－47 所示。

(2) 玩家子弹(bullet)预设的制作。

① 在 Textures 文件夹目录下找到"Role 1_16",拖入场景中,命名为"bullet",并选择"Component
→Physics 2D→Rigidbody 2D"选项为其添加刚体组件、选择"Component→Physics 2D→Box Collider
2D"选项和标签"Tag→Add Tag→bullet"添加碰撞组件,如图 15－48 所示。

② 给玩家子弹添加脚本"bullets",把爆炸预设"boom"拖给玩家子弹脚本。"bullets"代码如下:

```
public class bullets: MonoBehaviour
{
    public GameObject boom;//爆炸预设
    public static int count2 = 0;//计分器
    void OnCollisionEnter2D(Collision2D col)
    {
        if(col. transform. tag = = "enemy")
        {
            count2＋＋;//击杀敌人则分数加 1
            GameObject boomTemp = GameObject. Instantiate(boom, gameObject. transform.
position, Quaternion. identity) as GameObject;//击中敌人生成爆炸预设
            GameObject. Destroy(boomTemp, 1f);//1 秒后销毁爆炸预设
            GameObject. Destroy(col. gameObject);//销毁敌人
```

```
        GameObject.Destroy(gameObject);//销毁玩家子弹
    }
    if(col.transform.tag = = "enemyBullet")
    {
        GameObject.Destroy(col.gameObject);//销毁敌人子弹
        GameObject.Destroy(gameObject);//销毁玩家子弹
    }
  }
}
```

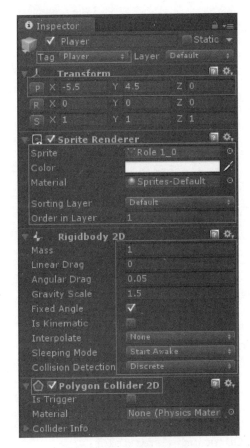

图 15 - 47　Player 组件

图 15 - 48　玩家子弹 bullet

Bullet 组件设置如图 15 - 49 所示。

图 15 - 49　玩家子弹 bullets 脚本

③ 将玩家子弹拖到工程文件的 prefebs 文件夹里作为预设,在场景中删除玩家子弹。

(3) 玩家子弹发射位置。选择"GameObject→Create Empty"选项创建一个空物体,作为玩家飞机的子物体,命名为"playerBulletPos",如图 15 - 50 所示。

(4) 玩家控制脚本(PlaneControl)代码如下:

public class PlaneControl：MonoBehaviour

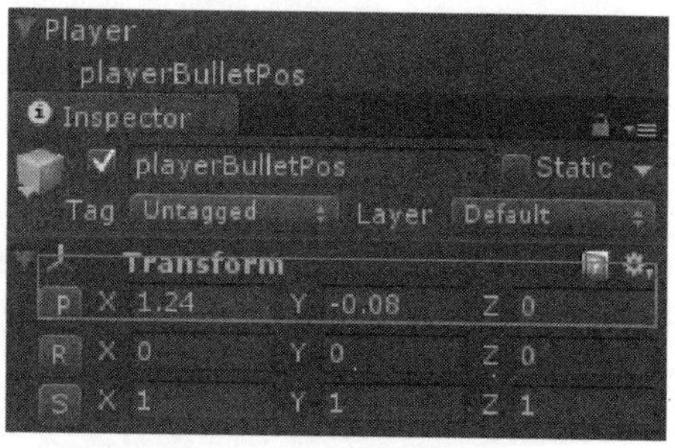

```
    {
        public GameObject bullets;//飞机子弹
        public Transform fasheweizhi;//飞机子弹发射
位置
        public float bulletSpeed = 600f;//子弹速度
        public float planeSpeed = 300f;//飞机上下移速
        bool jump;//是否跳跃
        public Transform healthUI;//血条
        public GameObject gameOver;//结束游戏
        bool hit = false;//是否被击中
        float changetime;//被击中变色时间
        Color startColor;//初始材质颜色
        public GameObject boom;//爆炸对象
        public static int count1 = 0;//计分器
        public AudioSource backGoundMusic;//背景音乐
        public AudioSource bulletsMusic;//子弹声音
        public GameObject restart;//重玩
        void Start()
        {
            bulletsMusic.Stop();
            backGoundMusic.Play();
            gameOver.SetActive(false);
            restart.SetActive(false);
            startColor = this.gameObject.renderer.material.color;
        }
        void Update()
        {
            //如果没有被击中时的材质
            if(hit == false)
            {
                this.gameObject.renderer.material.color = startColor;
            }
            //被击中时的材质变化
            if(hit == true)
            {
                this.gameObject.renderer.material.color = Color.red;
                //被击中 0.5 秒后变回初始颜色
                changetime += Time.deltaTime;
                if(changetime > 0.5f)
                {
                    hit = false;
                    changetime = 0;
                }
```

图 15-50  玩家子弹发射位置

```
        }
        //固定 Player 的 x 轴位置
        this.gameObject.transform.position = new Vector2( - 5.1f, this.transform.
position.y);
            //点击空格键实现飞机在 Y 轴上的移动
            //按下 Space 键使玩家飞机向上移动
            if(Input.GetKeyDown(KeyCode.Space))
            {
                jump = true;
            }
            if(jump = = true)
            {
                rigidbody2D.velocity = new Vector2(0, 0);//玩家飞机初始速度
                rigidbody2D.AddForce(Vector2.up * planeSpeed);//玩家飞机移动
                jump = false;
            }
            //如果 Player 的位置小于下界,则销毁 Player
            if(transform.position.y < - 2.8f)
            {
                healthUI.localScale = new Vector3(0, 0, 0);//血条归零
                Destroy(gameObject);//销毁玩家飞机
                GameObject boomTemp = GameObject.Instantiate(boom, gameObject.transform.
position, Quaternion.identity) as GameObject;//产生爆炸
                GameObject.Destroy(boomTemp, 1f);//1 秒后销毁爆炸
                gameOver.SetActive(true);//弹出游戏结束对象
                restart.SetActive(true);//弹出重新开始按钮
                backGoundMusic.Stop();//关闭背景音乐
                Time.timeScale = 0;//时间归零
            }
            //按 RightControl 键发射子弹,攻击
            if(Input.GetKeyDown(KeyCode.RightControl))
            {
                GameObject bulletTemp = GameObject.Instantiate(bullets, fasheweizhi.
position, Quaternion.identity) as GameObject;//发射子弹
                GameObject.Destroy(bulletTemp, 3f);//3 秒后销毁子弹
                bulletTemp.rigidbody2D.AddForce(fasheweizhi.right * bulletSpeed,
ForceMode2D.Force);//子弹移动
                //如果音乐按钮为打开状态,则播放子弹发射声音
                if(Onclick.isMusic = = true)
                {
                    bulletsMusic.Play();
                }
            }
```

```
}
//碰撞检测
void OnCollisionEnter2D(Collision2D col)
{
    //玩家中弹减血
    if(col.transform.tag = = "enemyBullet")
    {
        hit = true;//被攻击
        healthUI.localScale - = new Vector3(0.1f, 0, 0);//血条减血
        Destroy(col.gameObject);//销毁敌机子弹
    }
    //与敌机相撞减血
    if(col.transform.tag = = "enemy")
    {
        count1 + + ;//分数 + +
        hit = true;//被攻击
        healthUI.localScale - = new Vector3(0.2f, 0, 0);//血条减少
        Destroy(col.gameObject);//销毁敌机
         GameObject boomTemp = GameObject.Instantiate(boom, gameObject.transform.
position, Quaternion.identity) as GameObject;//产生爆炸
        GameObject.Destroy(boomTemp, 1f);//1 秒后销毁爆炸
    }
    //玩家血量小于等于 0 则游戏结束
    if(healthUI.localScale.x < = 0)
    {
        healthUI.localScale = new Vector3(0, 0, 0);//血条归零
        Destroy(gameObject);//销毁玩家飞机
        GameObject boomTemp = GameObject.Instantiate(boom, gameObject.transform.
position, Quaternion.identity) as GameObject;//产生爆炸
        GameObject.Destroy(boomTemp, 1f);//1 秒后销毁爆炸
        gameOver.SetActive(true);//弹出游戏结束对象
        restart.SetActive(true);//弹出重新开始按钮
        backGoundMusic.Stop();//关闭背景音乐
        Time.timeScale = 0;//时间归零
    }
}
}
```

玩家脚本"PlaneControl"如图 15-51 所示。

(5) 得分(Score)。

① 选择"Assets→Create→GUISkin"选项,创建自定义的 GUI 皮肤,命名为"myskin"。

② 打开创建好的 GUI 皮肤"myskin",自定义编辑 GUI 皮肤。如图 15-52 所示。

**图 15-51 玩家脚本 PlaneControl**

③ 创建一个得分控制脚本"ScoreControl"，添加到"Main Camera"上，如图 15 - 53 所示。

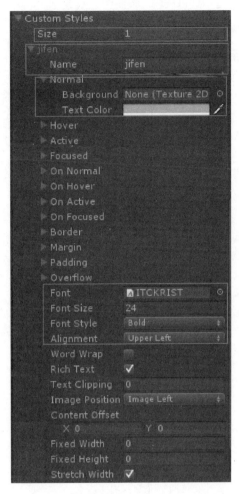

图 15 - 52　自定义 GUI 皮肤 myskin

ScoreControl 的代码如下：

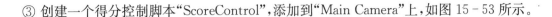

图 15 - 53　ScoreControl 脚本组件

```
public class ScoreControl：MonoBehaviour
{
    public GUISkin mySkin;//自定义 GUI 皮肤
    public static int Score;//得分
    void OnGUI()
    {
        GUI.skin = mySkin;//应用自定义 GUI 皮肤
        Score = PlaneControl.count1 + bullets.count2;//得分 = 与敌机相撞摧毁敌机数 +
发射子弹摧毁敌机数
        GUI.Label(new Rect(Screen.width/2, Screen.height/45, 250, 50), "" + Score *
100, "jifen");//显示得分
    }
}
```

游戏运行效果如图 15 - 54 所示。

至此，2D 飞机设计游戏项目的练习就全部结束了。我们将之前章节所学习到的场景构建、物理组件、碰撞、物理射线、GUI 以及动画等内容在此项目上进行了一次实际运用,能够发现这些知识在实际的运用中还有很多的技巧,每个知识点都是项目制作中不可缺少,甚至是至关重要的部分。

图 15-54　游 戏 效 果 图